U0219222

DESSERT CLASS
王森
西点教室

DESSERT CLASS
王森
西点教室

西餐

WESTERN CUISINE

主编 ◎ 王森

青岛出版社
QINGDAO PUBLISHING HOUSE

图书在版编目（CIP）数据

西餐 / 王森主编. — 青岛：青岛出版社, 2018.12
（王森西点教室）
ISBN 978-7-5552-7683-8

Ⅰ.①西… Ⅱ.①王… Ⅲ.①西式菜肴－烹饪 Ⅳ.①TS972.118

中国版本图书馆CIP数据核字(2018)第242455号

西餐

组织编写	美食生活工作室
主　　编	王　森
副 主 编	张婷婷
参编人员	张婷婷　周建强　成　圳　顾碧清　韩　磊　王启路　朋福东
	尹长英　杨　玲　武　磊　苏　园　乔金波　武　文　孙安廷
	韩俊堂　栾绮伟　沈　聪　孟　岩　向邓一　嵇金虎　于　爽
文字整理	栾绮伟　沈　聪　孟　岩　向邓一
摄　　影	刘力畅
出版发行	青岛出版社
社　　址	青岛市海尔路182号（266061）
本社网址	http://www.qdpub.com
邮购电话	13335059110　0532-85814750（传真）　0532-68068026
策划组稿	周鸿媛
责任编辑	徐　巍
特约编辑	宋总业
装帧设计	毕晓郁　魏　铭　周　伟　王海云　周　凯　沈艳梅　叶德勇
制　　版	青岛艺鑫制版印刷有限公司
印　　刷	青岛名扬数码印刷有限责任公司
出版日期	2019年5月第1版　2020年5月第2次印刷
开　　本	16开（710毫米×1010毫米）
印　　张	20
图　　数	2040幅
书　　号	ISBN 978-7-5552-7683-8
定　　价	88.00元

编校印装质量、盗版监督服务电话　4006532017　0532-68068638
本书建议陈列类别：生活类　美食类

序

　　西餐，顾名思义是西方国家的餐食，是相对于东亚地区而言的欧洲世界的饮食种类，其实准确的称呼应为欧洲美食，或欧式餐饮。

　　提到西餐，我们首先想到的可能是银色的刀叉和白色桌布，以及透明的玻璃杯和浪漫的环境。它有西方国家的绅士精神，也蕴含着古典庄园的复古。它所带来的氛围越来越受到我们的追捧，西餐厅的普及化，让我们随时可以进去享受一下。当然，买一点原料，找一个家人都在的日子，在自家厨房里做一顿美味大餐，更是一个不错的选择。

　　西餐在注重形色与口感的同时，也没有忽视营养的重要性。怎么在不破坏食材营养的情况下，做出完美的口感？怎么将美味菜肴装饰出美丽的视觉效果？在本书里，大家都会找到答案。

　　西餐能将大家的生活点缀得更加美丽、优雅，相信本书能让西餐初学者走入一个新的世界，同时也能给西餐从业者一个新的启发。

王森　本书主编

作者简介

　　荣获政府认定正高级专业技术职称；享受国务院政府特殊津贴；荣获省级个人一等功勋章；为国际裁判；创办的工作室被评为国家级"王森技能大师工作室"。

　　他，被业界誉为圣手教父，拥有超过十万的学子，用残酷的魔鬼训练打造出第 44 届世界技能大赛烘焙项目冠军。

　　他，是国内高产的美食书作家之一，200 多本美食书籍畅销国内外。

　　他，是跨界大咖，是用颠覆性的想象将绘画、舞蹈、美食巧妙结合的美食艺术家。

　　他，是世界级比赛的国际裁判，带领着团队一次次站上世界的舞台。

　　他，被欧洲业界主流媒体称为中国的甜点魔术师，是首位加入 Prosper Montagne 美食俱乐部的中国人，获得紫色骑士勋章。

　　他，联手 300 多位世界名厨成立上海名厨交流中心，一直致力于推动行业赛事、挖掘国内行业人才。

　　他，创办的王森集团被评为"国家级高级技能人才培训基地"，他的工作室被评为国家级"王森技能大师工作室"。

　　他，就是《亚洲咖啡西点》、王森美食文创研发中心、王森咖啡西点西餐学校创始人——王森。

目录
CONTENTS

开胃菜

 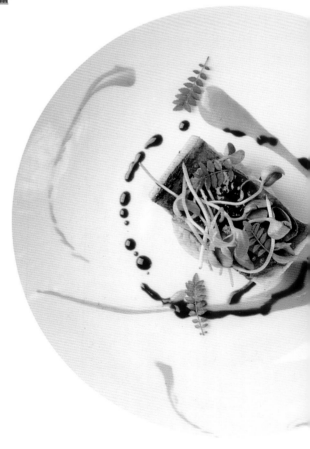
IV 餐前汤

V 副菜

VI 主菜

注：🎩 表示该菜品属于"名厨系列"。

VII 沙拉

VIII 主食

西餐

西餐，优雅的代名词。优雅既不是遗世独立地故作姿态，也不是羽化登仙的孤傲孑然，因为优雅从来不是刻意为之，矫揉造作所得。它大抵是一种纯粹的气息，天然去雕琢的韵致以及浸润在每一个细节中内在的气质。不经意间散发的生活态度也是一种优雅。

常用食材

INGREDIENTS

洋葱

· 洋葱

　　常见的有红皮洋葱与白皮洋葱两种，红皮洋葱味道偏辛辣，适宜于烹炒和煎炸；白皮洋葱一般用在沙拉方面比较多。洋葱味道较重，拌炒后会产生一股香甜味，是西餐烹调的增香提味原料。

芦笋

· 芦笋

　　通常作为配菜使用，制作蔬菜沙拉时也是常见的食材，一般煮熟后再用来制作。

甜椒

· 甜椒

　　甜椒的味道温和不辣，生吃、烹煮皆适宜，是西餐中常见的配菜蔬菜。

土豆

· 土豆

　　土豆的品种众多，常用来烧烤、水煮或油炸。

番茄

· 番茄

　　种类繁多、营养丰富，可以生吃、煮食或制作酱汁。

· 帕玛森奶酪粉

　　帕玛森奶酪是最常见的奶酪，外形为轮胎式的扁圆柱状，通常磨成粗粒使用。帕玛森奶酪粉香浓的风味适用于比萨、意大利面、沙拉、浓汤或酱汁的制作。

帕玛森奶酪粉　　　　橄榄油

· 橄榄油

　　特级冷榨橄榄油具有低酸度、香味独特等特性，不加热直接使用的话，可以作为沙拉蘸酱提升新鲜的口感，加入意大利面料理、各种炒菜及凉拌菜肴中也非常合适。

橄榄

• 橄榄（绿 & 黑）

　　橄榄分为绿橄榄和黑橄榄两种，也有加入番茄、杏仁或蒜头的制品，是一种极香且带有咸味的食材，适用于作为开胃菜、肉类、鱼类，以及比萨、意大利面中的配菜。橄榄本身也可作为啤酒或各种调制酒的下酒菜。

酒醋

• 酒醋

　　以葡萄汁为基底发酵的醋，比一般食用醋更酸。红葡萄酒醋具有浓郁的香气，主要用于点心或酱料制作；在全素料理或鱼类料理中，白葡萄酒醋则可以让口感清爽，并去除鱼腥味。

枫糖浆

• 枫糖浆

　　从加拿大枫树中提取出液体，将其浓缩后做成的糖浆。天然的枫糖浆具有独特的香味，且没有任何添加物，是健康的天然食品。枫糖浆在各种需要加糖或蜂蜜的料理中都可使用，或可代替糖加入茶、咖啡等饮品中；淋在冰激凌、松饼等点心上也非常适合；或与果酱、奶油一起涂在面包上，也能增添风味。

百里香

• 百里香

　　有强烈的薄荷香味，加入火腿、香肠、鹅肉等肉类料理内，可以减少肉类的腥味，加入奶酪或番茄料理中也别具风味。百里香味道比较刺激，可以用于炖菜、煮汤以及为烤肉调味。

迷迭香

• 迷迭香

　　散发出淡淡苹果香的香草，可以作为肉类、海鲜、鸡蛋、布丁、醋的调味。也可在包饭团时加入一两片迷迭香叶，更显美味。味道辛辣、微苦，常被用在小羊排、鸡肉和鱼肉等肉类料理内。

• 罗勒

　　香气极佳，世界各地都有种植。薄荷科的罗勒与丁香味道相似，带有甜而刺激的香气，常作为料理中的香料使用。在番茄类料理中，罗勒是不可或缺的香料，且与肉类料理、沙拉、意大利面、比萨酱、炖菜、汤、酱料等均可搭配，用途很广泛。

罗勒

常用烹饪方法

RECIPE

　　烹调是通过加热和调制，将加工、切配好的烹饪原料制熟成菜肴的操作过程，其包含两个主要内容：一个是烹，另一个是调。烹就是加热，通过加热的方法将烹饪原料制成菜肴；调就是调味，通过调制，使菜肴滋味可口、色泽诱人、形态美观。

煎

　　煎是以小火将锅烧热后，倒入布满锅底的油，再次烧热，然后将经加工处理好的原料倒入，慢慢加热至熟的烹调技法。制作时先煎好一面，再煎另一面，也可以两面反复交替煎，油量以不浸没原料为宜。煎制时，要不断晃动锅子或用手铲翻动食材，使其两面受热均匀。煎制的食材一般具有如下特点：色泽金黄、香脆酥松、软香嫩滑、原汁原味、诱人食欲。

◆ 小贴士 ◆

煎制时的锅具要选用厚且大小适中的

　　首先，要准备一只厚的锅子或平底锅。铁制或铜制的锅具只要加热后，温度就很难下降，而且还会慢慢地导热，不会让食材产生剧烈的温度变化，因此首选此类锅具。

　　其次，要针对材料的大小和分量，来选择适当的锅具。锅具太大的话，材料和材料之间会产生空隙，油脂（特别是奶油）就会很容易焦掉，影响成菜口感。另外，锅底的美味精华焦掉后风味便会减损，从而无法用来制作酱汁。相反若锅具太小，材料在锅内太过拥挤，翻炒过程中，食材中自带的水分无法蒸发，就会影响到食材自身的美味。

烤

烤是一种通过长时间慢烤，将食材本身美味锁住的烹调法。现在几乎都用烤箱来烤制食材。

由于用于烤制的食材形状大多为块状，因此如何能让食材中央熟透，如何才能将食材烤得柔软又多汁，便是需要关注的重点了。

一般烤制时，都是先将食材的表面烤定型，然后再慢慢将其内部烤熟透。这样烤制好的食材，表面色泽美观且香气四溢，里面的汁液也不容易流出来，口感软嫩多汁。

为了不让食材的表面干燥，在烘烤期间，把积在烤盘上的油脂舀起来淋上是绝不可少的步骤。把油当成媒介浇淋到食材上，可使烤出的食材色泽均匀，亦能增添食材的香气和美味。另外，还可以将在烤时渗出、黏附在烤盘上的烤汁精华，浓缩后做成酱汁。

焖制时几乎不额外使用液体，仅利用食材本身的水分来焖烧，因此制作出来的成品相当鲜嫩多汁。

此烹调法的重点在于，如何让芹菜、洋葱等香味蔬菜和奶油的风味进入到肉里。其实只要准备一只带有厚锅盖的锅子，盖紧锅盖去焖烧，做浇淋的动作，就能焖烧出多汁的肉，得到与蔬菜、奶油的风味融为一体的美味。

肉烤好后要静置一下

肉烤好之后，要放在温暖之处，静置与烘烤差不多长的时间。这样做是为了让肉汁稳定、充分遍及整体，这是加热肉块的必需步骤。静置时，要覆盖上铝箔纸，既可以保温又可以预防烤好的肉发干。

炸是将食材放入大量热油中加热的一种烹调法。油炸之后，食材表面颜色一致，内里熟透且膨胀松软。此外，这种烹调方式还能利用油的热度充分去除食材中的水分，将美味带出来。

适合食材的油炸温度和油炸方式

应视食材的种类、大小，以及欲进行的料理方式而采用不同的油温。比方说，把很厚的食材放入高温的油中，食材表面会烧焦，但里面却没有熟透。如果油温过低，食材表面就不会固定成形，还会因为吸收油分而变得十分油腻。

因此，块状或较厚的食材要分两次炸。一开始先以低温将内部炸到熟透，第二次再用提高温度后的油，将表面炸出焦黄色泽。

另外，像马铃薯这种很容易粘在一起的食材，要用筷子或油炸网不时地搅动，以便食材能均匀地接触到油，这一步骤也有助于油温固定。

食材炸好了必须立刻盛盘，否则放久了，水分就会从食材内部冒出来使其表面变得湿润，从而丧失更好的口感。

炖

炖是一种把食材放入水或高汤等液体中，平稳加热的烹调方式。

使用的液体可以为水、盐水、高汤、海鲜汤、葡萄酒或牛奶等。煮过食材的液体会依料理方式的不同，有时会在加热后进行调味，当作汤品或酱汁来使用。

炖制烹调法适用于肉、海鲜、蔬菜等几乎所有食材，就连肥肝和蛋类、贝类等对熟成温度要求很微妙的食材，只要将温度、加热时间掌握得当，也能提升其自身的味道。

炖制成菜法大致可以分为两种：第一种方法是在冷时（常温）将食材放入液体内再逐渐升温；第二种方法是事先将液体烧至快要沸腾，接着再放入食材。

第一种方法的好处是，食材的美味会在某种程度上于沸腾前渗透到液体中，能够借由味道、香气俱佳的液体来替料理加分。这种浓缩了美味精华的液体，大多会运用在汤品或酱汁中。另外，此法的目的并非只是把食材煮熟，还能发挥去除食材的杂质、酱底咸味的效果。

第二种方法是把食材放入高温的液体中，食材的表面很快就会凝固，将美味紧紧地锁在里面。炖制像蛋这种柔软的食材时，可以借由凝固表面的蛋白来维持形状，并间接地让蛋黄成熟。

蒸

蒸是一种用少量液体来蒸煮加热的烹调方式。

此种烹调方法主要是用在鱼料理上，由于是用少量液体在短时间内加热，因此不适合需要花长时间才能熟成的形状较大的材料。鱼大多会被切成片状后再进行料理，如果是小只的鱼，那么整尾拿去加热也是可以的。

一般做法是在鱼片中加入葡萄酒或白色鱼高汤，与香味材料一起用火煮到沸腾，接着用铝箔纸包住加工过的食材，用烤箱制熟。在烤箱中使下面的液体、上面的蒸汽平稳地加热食材，创造出松软温和的口感。因为是短时间完成烹调，所以成熟度是最难掌握的部分。可以用手指碰碰鱼体，如果感觉有弹性就从烤箱中取出，当做好酱汁淋上时，就恰到好处了。

酱汁是使用在葡萄酒、鱼汤中加入鱼或香味材料的精华后制成的煮汁。

其他烹调法

• 焗烤 -

焗烤是在已经熟的食材表面撒上起司、面包粉、奶油等，然后以高温加热烘烤的料理。焗烤过的食材表面会出现颜色焦黄得恰到好处的薄层，里面的料和酱汁则因稍微煮过后非常入味。裹在料上的酱汁除了白酱之外，还经常会使用番茄类的酱汁。只要变换酱汁或里面的料，就能享用极富变化的风味。

• 盘烤 -

盘烤主要是指用高温烤箱或上火烤箱，将切薄的鱼片快速烘烤的烹调法。因烹调过程很短，故能够维持鱼肉本身的柔软和原味。因为是放在盘里烤制，所以中途不必翻面或拿出来，也不用担心肉会散掉，只需注意熟度的变化即可。这种烹调法非常适合烹制鱼这类柔软食材。

• 滚煮 -

滚煮是使液体沸腾的意思，不过其中也有加热的含义，是在液体表面更滚沸的状态下进行加热。比方说煮蔬菜和意大利面便使用到此烹调法。通过让大量液体沸腾，引起对流，使食材之间、食材与锅子之间不会粘在一起。由于食材的美味会进入煮汁中，因此有时会把煮汁拿来制作酱汁使用。

• 低温烹调 -

低温烹调则是以较低的温度来加热食材的烹调法。用此烹调法，因为食材的水分不易流失，且不会产生细胞的急速收缩，所以可以做出多汁柔软的料理。

TRAYING

装盘的讲究

西餐中摆盘是一道成菜出彩见人的画龙点睛所在，摆盘就像艺术构图，看似简单，实则复杂多样又具有可创造性。

盘子的选用

不同菜肴所选用的盘子会有所不同，常见的有沙拉平盘、深汤盘、牛排平盘、甜品盘，这些都是圆形白盘，而且基本偏大，因为这样方便厨师们摆盘，有更好的发挥空间。白色盘子更能体现卫生的干净程度，给进食者带去舒心的感受。

食材摆放先后顺序

食材不同，摆放的顺序自然不同，但基本上都是先将主材料找好相应位置，再来搭配配菜，最后是酱汁或者调料。

盘子的装饰

餐盘的装饰与菜肴和餐厅的风格息息相关，首先要懂得色彩搭配，如何搭配才能和餐厅风格不冲突而且还能增进消费者食欲；菜肴不同与之相应的装饰也不同，西餐内常见的装饰就是一些花、蔬菜的雕刻及酱汁的点缀。仔细观察就会发现，每一道菜厨师们都会精心搭配，而且都有一个小故事。

菜肴摆放的位置

菜肴的摆放都在盘内中间处，但是会要求有立体感，带有骨头的菜肴会比较好摆放，像牛排、鸭胸肉这些没有骨头的菜肴，通常会选择在底部铺垫其他食材，或将菜肴斜着搭放等方法，来提高菜品盛盘后的立体感，增进进食者食欲。

配菜与主菜搭配

　　每一道菜都有各自的亮点，而且搭配都是有层次的，并不是随便摆放，要讲究颜色对比，一般暗色一点的主材料都会选择颜色鲜艳一点的配菜，从而综合主材料；当然亮色的主材料也会选择较为深色系的配菜来进行搭配。

　　西餐中的配菜并不是一定的；可根据当季流行的蔬菜进行搭配，但是也要考虑到口味的搭配，从中选择合适的配菜。

保持菜肴与盘子的整洁

　　食品最讲究的是卫生，良好的卫生情况可使消费者愿意再次光临。就餐工具卫生保持也非常重要，餐盘与菜品保持整洁才能令消费者拥有愉悦的就餐心情。一般厨师们都会将盘子温热一遍，然后擦得很干净，再装盘，装完盘之后还会沿着菜肴边再擦一遍。

餐具介绍

TABLEWARE

　　餐具中无论是刀子、叉子、汤匙还是盘子，都是手的延伸，例如盘子，它是整只手掌的扩大和延伸；而叉子则更是代表了整只手上的手指。由于文明进步，许多这种象形的餐具逐步合并简单化。

　　在很早以前，人类祖先采用石刀作为工具，一是可以防身，二是可以作进食工具使用。据说 17 世纪时，法国皇帝看到群臣就餐后使用匕首刀尖当作牙签使用，觉得不雅观，于是下令让人将刀尖改成椭圆形，这便是最初的餐刀。

　　餐刀的使用比较灵活，在烹饪时可用其将食材切成大块，以便于烹饪；而就餐的时候，会根据个人喜好用餐刀将食材分切成自己觉得合适的大小就餐。

　　采用叉子进食最早可追溯至 11 世纪，当时的叉子只有两个叉齿，那时的神职人员对叉子并不满意，他们认为上帝赐给人类的食物只能使用手来触碰进食。至 18 世纪时，由于法国的贵族偏爱用四个叉齿的叉子进餐，这种"叉子的使用者"的隐含寓意，几乎可以和"与众不同"的意义画上等号。于是叉子变成了地位、奢侈、讲究的象征，随后逐渐变成必备的餐具。

　　勺子最早出现在新石器时代，人们采用兽骨或者蚌壳作为勺子使用；进入青铜器时代后，慢慢改制成铜质勺子，经过时代转变形成了现代的勺子，而现在勺子大多数都是不锈钢材质的。

餐盘

现代化的餐盘种类很多，大小不一，餐盘主要是为了让进餐者能更方便进食。进餐时，当有些食材比较大且无法进食时，就餐者就会将食物放进餐盘内，使用刀叉将其切成大小适合的块状再进食。

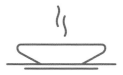

餐巾布

餐巾布主要是为了防止在就餐时，食材掉落在身体上，从而弄脏衣服。餐巾发展到 17 世纪，除了实用意义之外，还更注重其观赏性。公元 1680 年，意大利已有 26 种餐巾的折法，如贵妇人用的母鸡形，以及常见的小鸡、鲤鱼、兔子等形状，可谓美不胜收。

酒杯

西餐中的酒杯大小不同，常见的有一大一小，大号杯子是用来装水的，而小号杯子则是用来装酒的。

上菜顺序

SERVING ORDER

西餐是吃一道上一道的，正式的全套餐点上菜顺序是：开胃菜——餐前汤——副菜——主菜——沙拉——主食或甜点——咖啡或茶。

开胃菜

开胃菜也称为头盘，一般有冷头盘和热头盘之分。目的是为了促进进餐者食欲。开胃菜通常具有质量高、数量少的特点，以咸和酸为主要的味觉。一般的开胃菜有焗蜗牛、鹅肝酱、鱼子酱等。

餐前汤

西餐中的汤可以分为两类，一是清汤，二是浓汤；喝餐前汤的目的也是为了开胃。

副菜

通常水产类的菜肴会被选为第三道菜来上，像淡海水鱼类、贝壳类。因为这些食材肉质鲜嫩，易消化。

主菜

主菜往往是一些畜类和禽类的菜肴，畜肉类菜肴采取的都是牛、羊、猪身上的肉；而禽类菜肴采取的都是鸡、鸭、鹅身上的肉。主菜为整个西餐的重头戏。

沙拉

蔬菜类菜肴会被选择在主菜后面上，其原因是为了化解主菜的油腻。

主食甜品

主食通常会有意大利面、比萨、烩饭等。意大利面有很多种，其名字、形状各不相同，意面口感紧实有弹性，根据不同的面酱而决定口味。比萨是一种由特殊的饼底、乳酪、酱汁和馅料烤制而成的具有意大利风味的食品。意式烩饭做法各有不同，口感独特，味道鲜美，较为出名的有海鲜烩饭。

在西餐中甜食通常会被选为最后来上，常见的有布丁、水果、冰激凌等。

咖啡茶

西餐的最后一道是上饮料，咖啡或茶。饮咖啡一般要加糖和淡奶油；饮茶时一般要加香桃片和糖。

就餐礼仪

TABLE MANNERS

餐桌礼仪文化所涉及的方面可归结为进餐方式、餐具的正确使用与其他一些用餐过程中需注意的细节等部分。

西方国家的一些高级餐厅，通常会将菜单做成两份，一份是有价格表的，而另一份则是没有的，点菜时服务员会将有价格的菜单给男士，或者主人；而没有价格的会给女士，或者客人。这样做的目的是为了让女士或客人可以没有顾虑地点餐，想吃什么就点什么。

西餐和中餐相比之下没有那么多礼数，不会点一桌子菜一起吃，或者帮别人夹菜之类的，吃西餐都是每个人只点自己的，而且也只吃自己的。如果想品尝别人的菜肴，应该提前告诉服务员，服务员会在厨房将菜肴分成两份，供你品尝。

就餐前将手机调至静音或者振动，以免影响他人就餐。

女士在用餐前，需要先用纸巾将口红擦掉，然后再就餐。

用餐前需将餐巾布展开，平铺在腿上，如果餐巾布展开太大也可将其折成三角形，平铺在腿上。

用餐姿势

在就餐时，将所坐的椅子向前拉近，保持身体与餐桌有 20 厘米的距离，身体保持端正。

用餐时双手活动的范围，不要超出餐具摆放的宽度。手肘不要放到桌面上。

在就餐前，不要做跷二郎腿、抖腿等一些不雅动作。

餐具摆放

就餐时，主餐盘都会放在所坐位置的中间，右边是刀，左边是叉，而且刀和叉都是成对出现的，但是汤勺是单独放在右边的。

刀叉上方分别摆上高脚水杯、红酒杯、葡萄酒杯，整体呈 45° 角。

餐巾布叠好，摆放在餐盘上，摆放整齐，待客人使用。

餐具摆上台时必须将胡椒瓶、盐瓶摆放在桌面中间的位置，如若客人觉得菜肴口味淡了，可自行添加。

刀叉使用

一般情况下，右手持刀、左手持叉，手背朝上握住刀和叉。食用肉类食材时，要用叉子按住食材，使用刀将其切块，再进行食用。

如果在就餐时，需要暂时离开，需将叉子反面搭在餐盘的 8 点钟方向，餐刀刀口向内搭在餐盘 4 点钟方向，再行离开。

将刀叉合并 45° 斜向右下方平行摆放在餐盘一侧，这是代表已经用完餐了，即便你餐盘内还有食物，服务员也懂得你的意思，会在适当的时候将盘子带走。

在使用刀叉时，不要让两者发生碰撞，也不要将刀叉碰敲其他餐具发出声音，这样很不礼貌。

酒水搭配

DRINK MIX

 西餐中无论是什么样的餐会，酒水搭配都是很讲究的，不同的菜肴搭配不同的酒水，口味清淡的菜肴配上色泽较为浅色的酒，深色的菜肴配上味道浓郁的酒。西餐中的酒水可分为三大块，即餐前酒、佐餐酒、餐后酒。

• 餐前酒

餐前酒又称开胃酒，就餐前客人们都会适当喝上一点，这样有助于开胃，从而促进食欲。常见的餐前酒有味美思、比特酒、茴香酒、鸡尾酒等。

• 佐餐酒

佐餐酒属于正餐时饮用的酒水，常见的酒类有葡萄酒。

• 餐后酒

常见的餐后酒有白兰地、威士忌、朗姆酒。

SOUP-STOCK

常用高汤

法式清汤

小贴士

汤沸腾之前要不停搅拌，防止碎肉沉到锅底粘锅。

食材

白洋葱	40 克
胡萝卜	40 克
蘑菇	10 克
韭葱	20 克
芹菜	20 克
蛋清	80 克
鸡高汤	2 升
牛小腿碎肉	400 克
猪碎肉	100 克

制作

1. 将白洋葱、胡萝卜、蘑菇、韭葱、芹菜均洗净，切薄片。

2. 将处理好的蔬菜放入锅中，加入蛋清，搅拌至混合均匀。

3. 再加入牛小腿碎肉、猪碎肉进行搅拌，让蛋清均匀包裹食材。

4. 加入鸡高汤，用瓦斯炉进行煮制，沸腾之前都用大火，边用橡皮刮刀搅拌边加热。（以画"8"字的手法搅拌，防止蛋清凝固。）

5. 煮至沸腾后停止搅拌，将食材铺在边缘，留出中间部分等待沸腾（这样做可使汤底更加透明），煮制 2 小时左右即可。

6. 法式清汤煮好后，中间的汤清澈透明。将滤网内部铺层厨房用纸，将汤过滤可以更好地除去残渣。

鸡高汤

〜〜 小贴士 〜〜

高汤类可冷藏放 1 周，冷冻 1 个月，但为了不影响风味，

尽量在一周内食用完毕。

🗒 食材

鸡骨架	4 千克
老鸡	1/2 只
白洋葱	4 个
胡萝卜	2 根
芹菜	5/2 根
水	约 6 升
（漫过食材表面的量）	

香料包

百里香	5 枝
月桂	2 个
欧芹的茎	1/4 根
韭葱	1/4 根

👨‍🍳 制作

1. 将鸡骨架表面的油脂和内脏去除（防止内脏影响风味），再将鸡骨架对半分开，放进锅中。

2. 将老鸡的鸡头、内脏、鸡爪去除，将鸡身部分放进"步骤 1"中，加入水（漫过食材表面的量），进行大火熬煮。

3. 将白洋葱、胡萝卜、芹菜分别切开（尽量切大块，防止长时间熬煮时蔬菜缩小）。白洋葱切成四分之一块；胡萝卜切成两半后，在中央切入刀痕；芹菜切大段。

4. 用汤勺将煮沸的鸡高汤表面的杂质去除。

5. 将切好的蔬菜加入锅中，再加入香料包（将配方中所有香料用纱布包起），转小火继续熬煮 7 小时即可。

龙虾高汤

∽ 小贴士 ∾

· 虽然可以用小龙虾代替螯龙虾，但是风味上会有差别。

· 需等油锅热并开始冒烟时，才能放入龙虾头炒制。

食材

龙虾头	3 千克
（可用小龙虾代替）	
橄榄油	适量
白洋葱	1 个（约 150 克）
胡萝卜	1 根
芹菜	1 根
小茴香	50 克
大蒜	2 片
百里香	少许
番茄	6 个
番茄膏	20 克
白兰地	60 毫升
白葡萄酒	400 毫升
鱼高汤	2.5 升

制作

1. 将龙虾分解，留龙虾头，用剪刀将龙虾头剪成块状。

2. 锅加热，放入少许橄榄油，油热后，加入龙虾头，炒至水汽挥发。

3. 将白洋葱、胡萝卜、芹菜均洗净，切块，放入炒干的龙虾头中，加入小茴香、大蒜、百里香进行调味。

4. 加入番茄、番茄膏、白兰地和白葡萄酒进行翻炒（加入酒使其增加风味，去除腥味），倒入鱼高汤加热至沸腾后再煮 1 小时左右。

小牛高汤

⌒⌒⌒ 小贴士 ⌒⌒⌒
因小牛高汤是茶色的高汤，所以需将蔬菜事先用高火
炒制上色。

食材

小牛骨头	5 千克
牛筋和小腿肉	1.5 千克
白洋葱	4 个
胡萝卜	3 个
芹菜	3 根
番茄	3 个
橄榄油	适量
大蒜	1/2 头
番茄膏	50 克
蘑菇	250 克
韭葱	1/2 根
鸡高汤	4 升
水	5 升

制作

1. 将小牛骨头、牛筋和小腿肉表面抹橄榄油放进烤箱，以200℃烘烤1小时左右，烤至食材水分挥发（防止水分影响风味）。

2. 将白洋葱、胡萝卜、芹菜、番茄均洗净，切块备用。

3. 将烤好的小牛骨头、牛筋和小腿肉，放入锅中。（烤出的油脂不需要放入。）

4. 在平底锅中放入少许橄榄油，放入切片的大蒜、洋葱块、胡萝卜块及芹菜块，炒至上色，再加入切块的番茄和番茄膏（番茄含有水分，需最后放），翻炒均匀。

5. 将炒好的蔬菜放入"步骤3"锅中，倒入鸡高汤和水，再加入韭葱、蘑菇，大火熬煮1小时左右即可。

鱼高汤

〜⌒ 小贴士 ⌒〜
鱼高汤煮大约 1 小时即可，煮久了杂质会凝结。

📋 食材

白身鱼的头和骨　5 千克
（海鲈鱼）
茴香根　　　　　1 棵
海带　　　　　　4 片
（煮汤汁用）
火葱头　　　　　200 克
日本清酒　　　　300 毫升
盐　　　　　　　适 量
水　　　　　　　适 量
（漫过食材表面的量）

🍳 制作

1. 将白身鱼头和骨头对半切开，表面撒盐放入盆中进行腌制，常温放置约 30 分钟。

2. 将"步骤 1"中倒入煮沸的水，稍微进行清洗，再用冷水进行二次清洗，沥干后放入锅中。

3. 用剪刀将海带剪开，放进"步骤 2"中，加入日本清酒、水（水漫过食材表面），大火熬煮。

4. 用汤勺将鱼高汤表面的杂质去除，加入茴香根和火葱头煮制 1 小时左右。

酱汁

酱汁是西餐的灵魂，西餐中的酱汁多种多样，常见的有番茄酱、牛肉酱、红酒汁、黑胡椒汁、塔塔汁等。酱汁口感丰富，甜的、酸的、咸的均有。酱汁在西餐中的使用非常广泛，从餐前开胃菜、鸡尾酒会中的小点，再到主菜、甜点都可以看到酱汁的身影。酱汁为西餐菜肴起到画龙点睛的作用。

「白汁」

白汁属于香醇系列的酱汁，除可为食材增加风味外，还可以起到增稠作用，可勾芡菜肴。白汁通常适用于意面、海鲜炖饭之类的菜肴。

食材

清汤	1 升
纯牛奶	1 升
淡忌廉	250 毫升
牛油	150 克
面粉	500 克
白胡椒粒	2 克
香叶	3 片
西芹丝、洋葱丝	共 150 克

制作

1-5. 牛油放入锅内烧热，再放入面粉，将面粉炒香。然后加入清汤，将牛油、面粉、清汤搅拌均匀。

6-10. 依次加入西芹丝、洋葱丝、白胡椒粒、香叶，慢火熬15 分钟。然后加入纯牛奶，再加入淡忌廉调味，最后过滤即可。

「牛骨汁」

牛骨汁通常在西餐的汤类和煮制的菜肴中使用。

食材

牛骨	500 克
牛筋	500 克
红酒	200 毫升
西芹	200 克
胡萝卜	200 克
香叶	5 片
洋葱	200 克
清水	5000 毫升
大番茄	200 克
番茄膏	50 克
黑胡椒	3 克
黄油	适量

制作

1. 将牛骨、牛筋均洗净, 放入预热至 180℃的烤箱烤 60 分钟, 烤至金黄色, 备用。西芹、胡萝卜、洋葱、大番茄均洗净, 切块。

2. 将红酒倒入锅中, 小火浓缩至 1/3, 备用。

3. 起锅加油, 放入番茄膏炒匀, 备用。

4. 另起锅, 放黄油, 加热后小火炒香洋葱块、西芹块、胡萝卜块、番茄块、牛骨、牛筋。

5. 再加入备用的红酒、番茄膏和香叶、黑胡椒、清水, 熬煮 8 小时。

6. 过滤出汤汁, 去除油脂后放凉备用, 成品量约 500 毫升。

Tips（小贴士）

汤汁的颜色和烤好的牛骨、牛筋颜色有关。放入番茄膏主要是为了排酸、去涩、增色。熬煮时要用文火慢炖。

「黑椒汁」

　　黑椒汁属于麻辣系列的酱汁，适用于肉类菜肴，像牛排、羊排这类菜肴都可使用黑椒汁作为调味料。

📋 食材

黑胡椒碎	20 克	牛骨汁	50 毫升
洋葱碎	20 克	烧汁	100 毫升
干葱碎	20 克	淡忌廉	10 毫升
蒜蓉	10 克	牛油	10 克
白兰地	10 毫升		

👨‍🍳 制作

1-8. 将牛油放入锅中烧热后，依次放入洋葱碎、干葱碎、蒜蓉炒香。再加入黑胡椒碎，炒香。然后加入牛骨汁熬煮。接着加入白兰地，慢火煮。

9-12. 最后依次加入烧汁、淡忌廉和少许牛油，调味即可。

红酒汁

红酒汁主要使用于牛排、羊排等扒菜类菜肴。

食材

红酒	150 毫升
牛骨汁	200 毫升
洋葱	20 克
百里香	1 克
盐	适量
黄油	3 克

制作

1. 将洋葱切碎, 炒香后加入百里香, 倒入红酒烧开。

2. 然后加入牛骨汁浓缩。

3. 再加入黄油收汁, 至成品量为 150 毫升。

4. 过滤后加热, 放入盐调味, 保温备用。

红酒黑醋汁

红酒黑醋汁呈现出酸甜的口感，适合于肉类食材。此款酱汁熬制的浓稠度需根据自己所做菜肴来定，作为煎制食材时使用的调味料可以熬制得稀一点，要是熬制浓稠了的话可以淋在食材上，或者作为装盘酱汁使用。

食材

红酒	200 毫升
意大利黑醋	400 毫升
白糖	50 克
黄油	10 克

制作

1. 起锅烧热，倒入黄油。

2. 再加入白糖烧化。

3. 然后倒入红酒与黑醋。

4. 最后小火烧至浓稠，常温下存放备用。

「凯撒酱」

凯撒酱一般用于水果沙拉和蔬菜沙拉的制作中。

蛋黄酱	200 克
洋葱	10 克
大蒜	10 克
芥末	10 克
水瓜柳	10 克
酸黄瓜	10 克
银鱼柳	10 克
荷兰芹	10 克
柠檬	10 克
李派林喼汁	1 克
白糖	10 克
盐	1 克
白胡椒粉	1 克
白兰地	1 毫升

制作

1. 将洋葱、荷兰芹均洗净, 切末。

2. 将酸黄瓜、银鱼柳均切末。

3. 将水瓜柳切末, 柠檬挤汁。

4. 将大蒜切末。

5. 将切好的洋葱末、荷兰芹末、酸黄瓜末、银鱼柳末、木瓜柳末与蛋黄酱、芥末、李派林喼汁、白糖、盐、白胡椒粉、白兰地、柠檬汁一起放入容器。

6. 再用打蛋器以顺时针方向轻轻搅拌即可, 然后放入冰箱保存备用。

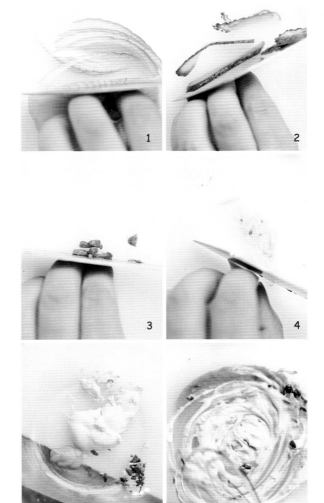

「凯撒汁」

凯撒汁口感油而不
腻，一般用于沙拉和头盘
的菜品中。

📋 食材

橄榄油	300 毫升
帕玛森芝士粉	60 克
法式芥末酱	12 克
柠檬汁	5 毫升
蛋黄	2 个
培根碎	2 克
银鱼柳	5 克
洋葱末	12 克
水瓜柳	3 克
蒜末	5 克

🍳 制作

1-5. 将水瓜柳、银鱼柳均切碎后与洋葱末、蒜末一起拌匀，备用。将蛋黄打发至乳白状，加入培根碎、法式芥末酱、柠檬汁混合打匀。

6-10. 然后加入之前拌匀备用的碎末。 再加入橄榄油，慢慢打成沙拉酱汁，最后加入帕玛森芝士粉打匀即可。

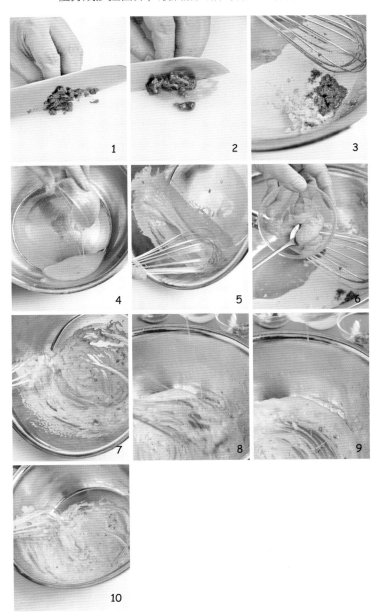

「蓝莓汁」

蓝莓汁常于菜品淋面时使用。

食材

牛骨汁	200 毫升
蓝莓	100 克
黄油	5 克
盐	适量

制作

1. 起锅放入黄油,烧热后放入蓝莓。
2. 煸炒蓝莓并将其压碎。
3. 然后加入牛骨汁,小火烧开。
4. 烧至浓稠状时,放入盐调味,保温备用。

龙虾汁

龙虾汁一般用于海鲜类的菜品中，最常见的还是使用在原有的龙虾菜肴上。

 食材

龙虾汤	200 毫升
大蒜	20 克
黄油	10 克
盐	适量
白胡椒粉	适量

制作

1. 先将大蒜切末。

2. 然后起锅烧热放入黄油，接着放入蒜末炒香。

3. 再倒入龙虾汤，小火烧浓缩至 2/3 的量，撒盐、白胡椒粉调味。

4. 最后用网筛过滤后加热，保温备用。

1

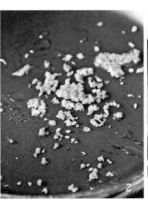
2

3

4

芒果酱

芒果酱通常用于面包、头盘及水果沙拉中。

芒果	300 克
黄油	10 克
生姜	3 克
盐	适量
清水	100 毫升

制作

1. 先将芒果去皮、去核，取果肉切丁。生姜切丝。

2. 起锅烧热放入黄油，先放入生姜丝、芒果丁炒香，然后加水，小火煮30分钟。

3. 将煮好的果酱倒入搅拌机，搅成糊状。

4. 最后加热，用盐调味，保温备用。

1

2

3

4

迷迭香汁

迷迭香汁适合煎制肉类食材时使用，或直接淋在制作好的肉类食材上。

食材

牛骨汁	200 毫升
迷迭香	3 克
大蒜	10 克
黄油	5 克
盐	适量
黑胡椒碎	1 克

制作

1. 大蒜切片，迷迭香切末。
2. 起锅烧热放入黄油，将蒜片与迷迭香末炒香。
3. 倒入牛骨汁，小火烧至浓稠。
4. 最后加盐和黑胡椒碎调味，过滤后保温备用。

米酒茄汁

米酒茄汁适用于汤类菜品的调味，以及沙拉的调味。

食材

米酒	100 毫升
番茄沙司	100 克
洋葱	20 克
盐	适量
黄油	10 克

制作

1. 洋葱切碎，入锅加黄油炒香。

2. 再倒入米酒，小火烧浓缩到 1/2 的量。

3. 然后加入番茄沙司搅拌均匀后烧开。

4. 最后将锅内材料烧至浓稠，加盐调味即可。

米酒汁

米酒汁适用于煎制的海鲜类和畜肉类菜肴调味。

食材

牛骨汁	100 毫升
米酒	100 毫升
盐	适量
黄油	5 克

制作

1. 起锅倒入米酒。

2. 烧开后小火烧至浓缩。

3. 再加入牛骨汁烧开。

4. 烧至浓缩后放入盐调味,最后加入黄油收汁,保温备用。

香槟汁

香槟汁属于酒类酱汁，在制作菜肴时加入可以去除一定的腥味，还可以对菜肴起到提鲜作用。香槟汁广泛使用于海产类菜肴。

食材

香槟	100 毫升
鸡蛋	100 克
黄油	50 克
盐	适量
柠檬汁	适量

制作

1. 取小盆放入鸡蛋黄，起锅加水。

2. 开小火隔水给蛋黄加温，然后用打蛋器朝一个方向搅拌蛋黄，并慢慢加入黄油。

3. 再不停地搅动，至蛋液黏稠。

4. 最后慢慢加入香槟、盐、柠檬汁调味，保温备用。

松露汁

松露酱汁味道鲜美，可化解油腻，在西餐中能与松露搭配在一起并且是一道很知名的菜肴也只有鹅肝了。将煎制好的鹅肝淋上松露酱汁，堪称完美，使得鹅肝吃起来油而不腻，回味无穷。

食材

松露	20 克
牛骨汁	100 毫升
洋葱	20 克
红酒	100 毫升
盐	适量
黄油	20 克

制作

1. 将松露、洋葱均洗净，切碎。

2. 起锅后加油烧热，放入洋葱碎。

3. 接着加入松露碎，与洋葱碎一同炒香。

4. 再加入红酒，小火烧浓缩至 1/3 的量。最后加入牛骨汁，烧至浓稠，加入黄油稍加热，加盐调味即可。

1

2

3

4

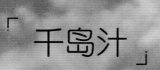

千岛汁

千岛汁口味酸甜，是一种用途很广泛的酱汁，常用于千岛水果沙拉、千岛汁焗大虾等菜肴。

📋 食材

文尼汁	150 毫升	地门沙司	50 克
酸青瓜	40 克	白兰地	5 毫升
洋葱	40 克	甜红椒粉	1 克
熟鸡蛋	1 只	唔汁	1 克
（约 60 克）		A1 汁	2 克
番茄	1 克	HP 汁	2 克
酸青瓜水	2 毫升		

👨‍🍳 制作

1-3. 将熟鸡蛋、洋葱、番茄、酸青瓜均切碎，备用。

4-8. 把所有备用材料依次倒入文尼汁里。

9-16. 然后搅拌均匀，再依次加入酸黄瓜水、地门沙司、HP 汁、A1 汁、甜红椒粉、白兰地、唔汁调味即可。

「烧汁」

烧汁通常在鱼类菜肴以及家禽类菜肴中使用。

食材

牛骨	500 克	红酒	100 毫升
洋葱	250 克	黑椒粒	少许
胡萝卜	100 克	阿里根奴	少许
西芹	100 克	百里香	少许
番茄膏	100 克	香叶	少许
黄油	适量		
面粉	50 克		

制作

1-3. 牛骨洗净,放入预热至 220℃ 的烤箱,烤至金黄色后敲碎,放入汤桶,熬制成 6 升牛骨汤。

4-6. 将胡萝卜、洋葱、西芹均切小块,备用。

7-11. 锅烧热放油,将西芹块、洋葱块、胡萝卜块一同炒出焦香味,然后加少许阿里根奴、百里香和香叶,再加入番茄膏和面粉,炒匀后关火,淋红酒。

12-15. 将炒好的料倒入牛骨汤里,小火炖 4 小时,炖得越久汤汁越浓。

16-17. 最后将汤汁里的蔬菜渣过滤,打掉上面的油即成烧汁。

「鲜茄汁」

鲜茄汁属于偏酸的酱汁，常与油炸类食材搭配食用。

食材

番茄蓉	100 克
番茄膏	20 克
番茄沙司	20 克
清汤	200 毫升
什香草	1 克
香叶	3 片
牛油	10 克
洋葱碎	30 克
蒜蓉	20 克
面粉	10 克

制作

1-3. 起锅放入牛油，炒香洋葱碎、蒜蓉和番茄蓉。

4-7. 然后加入香叶、什香草、番茄膏，炒香后再放入面粉翻炒。

8-10. 最后加入清汤，熬 15 分钟后加番茄沙司调味即可。

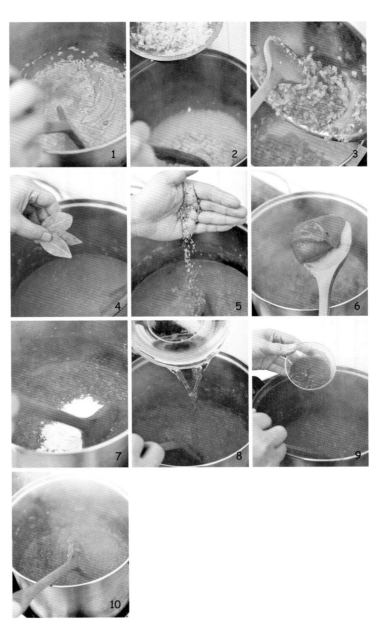

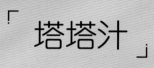

塔塔汁

塔塔汁味道酸甜，常
与海鲜类的油炸食材搭配
食用，也可以搭配蔬菜沙
拉食用。

食材

文尼汁	400 克
水瓜柳	30 克
洋葱	40 克
酸青瓜	30 克
熟鸡蛋	20 克
蕃茜	2 克
水瓜柳水	5 毫升

制作

1-5. 把洋葱、蕃茜、酸青瓜、鸡蛋、水瓜柳依次切碎，备用。

6-10. 再把所有备用材料依次倒入文尼汁里面。

11-12. 最后将所有材料搅拌均匀，加入水瓜柳水调味即可。

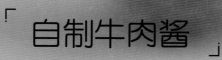

自制牛肉酱

牛肉酱的吃法有很多种，常见的有牛肉酱拌意面、牛肉酱比萨等菜肴吃法。

牛肉碎	500 克
蒜	50 克
洋葱	100 克
西芹	100 克
胡萝卜	100 克
红酒	200 毫升
番茄膏	50 克
自制番茄酱	100 克
盐	适量
黑胡椒碎	适量
橄榄油	50 毫升
清水	500 毫升
香叶	2 克

制作

1. 将胡萝卜、洋葱、西芹、蒜均切末。

2. 起锅加橄榄油,放入蒜末、洋葱末炒香。

3. 然后放入牛肉碎炒香,加红酒收干。

4. 接着放入西芹末、胡萝卜末炒香。

5. 放入番茄膏炒香。

6. 再加水和自制番茄酱、香叶,小火熬煮3小时,最后加盐、黑胡椒碎调味即可。

自制番茄酱

自制番茄酱口感酸甜，最为常见的吃法就是搭配面包或者其他油炸食材来食用。

番茄	500 克		罗勒叶	20 克
听装去皮番茄	500 克		橄榄油	50 毫升
番茄膏	50 克		盐	适量
洋葱	200 克		黑胡椒碎	适量
蒜	100 克		阿里根奴	2 克

👨‍🍳 **制作**

1-5. 将番茄洗净，去蒂，开十字刀。水烧开后放入番茄，烫至脱皮捞出。再将番茄放入凉水里，去皮。将去皮后的番茄切开，去籽。将听装去皮番茄和新鲜去皮番茄一起放入料理机，打成碎块，备用。洋葱、蒜均切末，备用。

6-10. 起锅后加橄榄油、蒜末、洋葱末炒香。再倒入番茄碎块，小火熬煮。另起锅加橄榄油，将番茄膏炒香后，倒入番茄碎块中，一起小火熬煮 3 小时。最后加盐、黑胡椒碎、罗勒叶、阿里根奴调味，放凉即可。

🏷 **Tips**

熬煮时不能加水。罗勒叶最后再放入。

「松仁罗勒酱」

松仁罗勒酱适合作为头盘上的酱汁使用，也可以作为西餐盘式装饰来使用。

 食材

罗勒叶	20 克
熟松仁	20 克
橄榄油	80 毫升
蒜	20 克
盐	适量

制作

将罗勒叶、蒜、橄榄油、熟松仁用粉碎机搅拌成酱，加盐调味即可。

开胃菜

西餐的第一道菜是头盘，也称为开胃菜、前菜或餐前小食品。正如它的名字一样，头盘只不过是为了引起对主菜的食欲而制作的小吃。它包括各种小份额的冷开胃菜、热开胃菜等。其特点是菜肴清淡爽口、色泽鲜艳，带有酸味或咸味，并且有开胃和刺激食欲的作用。头盘总体的特点是数量少、质量较高。

烟熏萨拉米

番茄	1/2 个
黄瓜	3 片
萨拉米烟熏肉	3 片
薄荷叶	2 片
橄榄油	少许
黑橄榄	3 个

制作

1. 将番茄去皮，切成半月形，去瓤，备用。黄瓜切片，备用。

2. 把黄瓜中间切个小口，方便在中间放入萨拉米熏肉。

3. 把切好的番茄整齐地放入小勺子中，把黄瓜放在番茄上面。

4-5. 卷起萨拉米插入黄瓜切口处。

6. 最后把做好的萨拉米黄瓜，放入勺子中，装饰即可。

Tips

这道菜是餐前小吃，做起来快速又简单，烟熏的味道加上黄瓜的清香味，是极好的搭配。

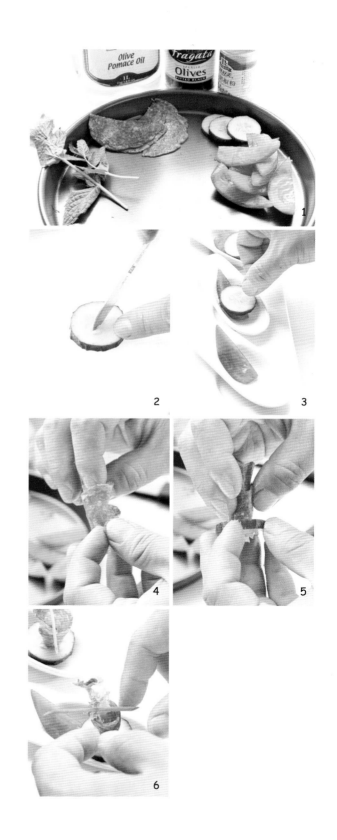

「 牛柳通心粉沙拉 」

食材

通心粉	少许
橙子	1 个
生菜	2 片
番茄	1/2 个
牛肉	30 克
黑胡椒粉	少许
橄榄油	少许
盐	少许
黄芥末	少许
洋葱	10 克

制作

1. 将牛肉切成约5厘米长的条；番茄切成半月状，洋葱切成小圈；生菜掰小块，把通心粉煮熟（煮10分钟）。

2-3. 将牛肉条用盐、黑胡椒粉腌制片刻。起油锅，放入腌制好的牛肉条炒至半熟。

4-7. 把切好的番茄、洋葱圈和煮熟的通心粉放入碗中，把橙子汁挤入生菜中。最后把冷却的牛肉条放入碗中，挤上少许黄芥末即可。

 Tips

1. 此菜口味比较清淡，牛肉不宜煎得太久。

2. 牛肉加上黄芥末的口感微辣，带有肉香味。

「 凯撒烧鸡沙拉 」

食材

帕玛森芝士粉	60 克	蛋黄	2 个	芝士粉	5 克
水瓜柳	2 克	培根碎	2 克	西生菜	75 克
银鱼柳	5 克	法式芥末酱	12 克	炸面包粒	30 克
洋葱碎	12 克	柠檬汁	5 克	鸡扒	50 克
蒜蓉	5 克	橄榄油	300 毫升	烟肉碎	5 克

制作

1. 将鸡扒放进烤箱烤熟，备用。

2-3. 水瓜柳、银鱼柳切碎后与洋葱碎、蒜蓉拌匀，备用。

4-6. 将蛋黄、培根碎、法式芥末酱、柠檬汁混合打匀，加入已拌匀的蔬菜碎中。

7-8. 然后与橄榄油慢慢打成沙拉酱汁，再加入芝士粉，打匀成凯撒汁。

9. 将西生菜和50克凯撒汁拌好，在表面放上烤鸡块。

10. 最后撒上炸面包粒、烟肉碎、芝士粉即成。

「虾仁配红腰豆酸甜沙拉」

制作

1. 大虾仁洗净，去除虾背上的黑色虾线，用白葡萄酒、盐、白胡椒粉腌制15分钟以上。紫甘蓝和生菜均切成约5厘米长的丝，备用。

2-3. 起锅倒入橄榄油，放入腌制好的虾仁煎至上色，煎的同时可喷入白葡萄酒，以去除腥味。

4. 把虾仁反面继续煎上颜色，因为虾仁肉质比较嫩，所以一般煎2分钟左右即可，再放些盐和白胡椒粉调味。

5-6. 最后把紫甘蓝丝、生菜丝、玉米粒、鹰嘴豆、虾仁、红腰豆、黑橄榄、青橄榄与白酒醋一起搅拌均匀，摆在铺好的娃娃菜上即可。

Tips

1. 煎虾仁的时候火候不要过大，否则容易煎得过老，只需将双面煎上颜色即可。
2. 用白酒醋不宜过多，因为白酒醋特别酸。

食材

大虾仁	5个		黑橄榄	2粒
紫甘蓝	20克		青橄榄	2粒
生菜	20克		娃娃菜	3片
玉米粒	少许		白酒醋	少许
红腰豆	10克		橄榄油、盐	各少许
鹰嘴豆	15克		白胡椒粉	少许
			白葡萄酒	少许

名厨系列

地中海风味
卡帕奇欧虾

📋 食材

挪威海螯虾	1 只（约 130 克）
柠檬汁	3 克
小番茄	50 克
特级初榨橄榄油	5 毫升
西葫芦	20 克
盐	2 克
现磨黑胡椒碎	2 克
罗勒叶	2 片
意大利香酒醋	2 毫升
薄荷叶	少许

👨‍🍳 制作

1. 将虾翻面，用小刀沿着尾部一侧划开，用手去除虾壳取出尾肉，然后划开尾肉取出虾线，虾头留作装饰用。

2-3. 将虾尾肉装入真空袋，用肉锤敲扁，取出虾尾肉，表面滴上特级初榨橄榄油后刷均匀，再滴上柠檬汁（起到保护肉质的作用），表面喷上盐水放置腌制。

4. 将小番茄对半切四份，去除番茄籽，将皮肉切成丁。

5. 将西葫芦用切皮器切成薄片，再切整齐，摆放在盘内，淋上橄榄油。

6. 在西葫芦片边缘摆上番茄丁，番茄丁表面放上切条的薄荷叶，将虾的头部放在番茄丁与西葫芦片上，表面喷上盐水。

7. 将腌制的虾肉放在西葫芦片上，盘内边缘挤上意大利香酒醋，尾肉两侧摆放黑胡椒碎。

8. 将尾肉与虾头接口处放上薄荷叶，表面淋上橄榄油，装饰上罗勒叶即可。

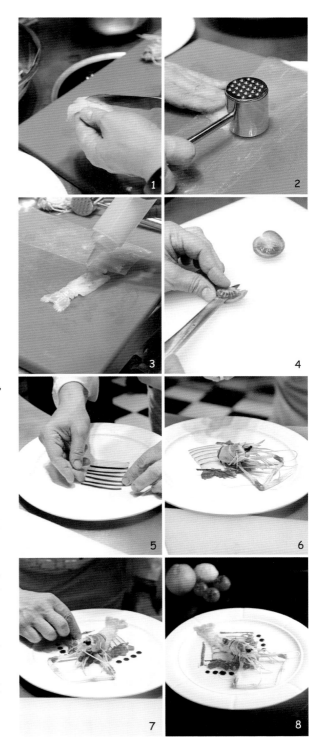

虾仁沙拉配柠檬汁

食材

大虾	6 只	李派林喼汁	少许
柠檬	2 片	番茄沙司	1 大勺
大蒜	1 瓣	橄榄油	少许
绿叶生菜	2 片	盐	少许
蛋黄酱	1 大勺	白胡椒	少许

制作

1. 将大虾剥壳洗净，去除背部的虾线，滴入柠檬汁，加入少许盐，腌制 30 分钟，备用。

2-4. 依次在蛋黄酱中加入少许李派林喼汁、蒜泥和番茄沙司，搅拌均匀后加入少许盐。

5-7. 起锅倒入少许橄榄油烧热，放入虾仁，再喷入适量白葡萄酒去除腥味，将虾仁煎至外表呈红色即可。

8. 最后挤入柠檬汁，以盐、白胡椒调味。将煎好的虾仁装入高脚杯，杯底部放入酱汁，虾仁中间放些撕碎的生菜点缀即可。

Tips

1. 虾仁背部的虾线一定要清理干净。

2. 煎虾仁的时候，时间不宜过久，火候不宜过大，否则容易煎老。

3. 这道沙拉配上酱汁，口感会有些酸甜。

4. 李派林喼汁一般在大型超市有卖，也可以用酸辣酱汁代替。

「 地中海沙拉 」

食材

海鲜菇	适量	虾仁	5 个
生菜	2 片	青口贝	3 个
彩椒	1/2 个	白葡萄酒	少许
洋葱	1/4 个	橄榄油	少许
番茄	1/4 个	黑酒醋	少许

制作

1. 将虾仁去除背部虾线，青口贝洗净，彩椒、洋葱均切成条状，番茄切成5瓣，备用。

2-4. 锅中放入橄榄油，热锅后放入虾仁，煎至金黄色，然后放入青口贝，喷入少许白葡萄酒去除腥味。

5. 把生菜撕碎后，放入盘子中间。

6-8. 再将处理好的蔬菜、煎好的海鲜分别整齐地摆放在生菜上面。将海鲜菇放入开水中煮熟，捞出摆放在盘内。最后将橄榄油和黑酒醋按1∶2的比例做成黑醋汁。黑醋汁可以淋在沙拉上，也可放在沙拉旁边。

Tips

1.这道沙拉的整体口感以酸为主，配上海鲜的美妙滋味，十分诱人。

2.煎海鲜的时候，虾仁不宜煎得过久，否则口感易老。

3.青口贝的肉要清理干净，否则里面会有沙子。

「 扇贝肉香橙沙拉 」

🍳 制作

- **1.** 小番茄洗净后切成两半；生菜洗净；扇贝柱洗净后，从中间横刀一切为二，用盐、白葡萄酒和白胡椒粉腌制5分钟左右。

- **2-4.** 起锅倒入橄榄油，把锅子烧热后放入扇贝柱，然后喷入白葡萄酒，以去除腥味并增添酒香，将扇贝煎至两面金黄即可。

- **5-7.** 接下来制作香橙汁，在榨出的橙汁里放入一些蒜泥和白酒醋，搅拌均匀。

- **8-9.** 再把新鲜的西芹切碎，洋葱切成小粒，将二者均放入调好的橙汁里。最后将处理好的食材按图摆盘即可。

🏷️ Tips

腌制扇贝的时候，不要放太多盐，否则煎制以后口感会比较硬。这道菜夏天食用最合适。

📋 食材

橙子	1个		洋葱	1/3个
扇贝柱	4个		橄榄油	少许
小番茄	5个		白葡萄酒	少许
生菜	3片		西芹	少许
玉米粒	3克		盐	少许
蒜	1瓣		白胡椒粉	少许
			白酒醋	少许

「 低温水煮澳带伴水果 」

食材

水果玉米	10 克
洋葱	10 克
带子	80 克
猕猴桃	40 克
盐	适量
橄榄油	5 毫升
柠檬汁	5 克
樱桃番茄	10 克
刁草	1 克
薄荷叶	1 克
红酒黑醋汁	10 毫升

制作

1-2. 将带子洗净，用盐、刁草腌制 5 分钟。

3. 把带子放食品袋中用真空机抽真空，放入 59.5℃ 的热水中 10 分钟，取出备用。

4-5. 将洋葱、猕猴桃、樱桃番茄分别洗净，切成小粒。水果玉米取粒。

6. 再将处理好的蔬菜粒用橄榄油轻轻搅拌，加入盐和柠檬汁，调味即可。

7. 将带子切片，按图片装盘，淋上红酒黑醋汁，最后用薄荷叶装饰即可。

椰菜慕斯和牡蛎的塔塔酱

▌ 慕斯（白色）

📋 食材

花椰菜	150 克
洋葱	1/4 个（约 60 克）
鸡高汤	漫过食材的量（约 200 毫升）
牛奶	适量
淡奶油	适量
吉利丁片	液体重量的 1%
橙皮丝	适量
黄油	适量
盐	适量
黑胡椒粉	适量

🍳 制作

1-2. 将花椰菜去除根部，再将剩余部分切块，洋葱切片。

3. 锅烧热，放入黄油，加入洋葱片，然后放少许盐（盐可让洋葱水分更好地挥发），翻炒（洋葱不要炒至上色）。

4-6. 接着加入花椰菜、鸡高汤，再加入少许盐和黑胡椒粉调味。将锅中食材煮沸转小火，煮至浓稠状。

7-8. 将煮好的花椰菜放进量杯，用手持料理机进行搅拌打碎成泥状。

9-10. 将打好的花椰菜汁倒入锅中，加入牛奶和淡奶油搅拌均匀（最后重量需称量一下，取重量的 1% 即为吉利丁片的用量）。

11-12. 加入泡好的吉利丁片搅拌化开，再隔冰水进行冷却。

13-14. 在慕斯中加入橙皮丝，倒入锥形漏斗中，挤入盘内，放冷藏备用。

II 鲜鱼与牡蛎处理

食材

鲜鱼	120 克
（任何白身鱼都可以）	
生牡蛎	2 个
生火腿	1 片
干番茄（油浸）	2 小勺（切碎）
小葱	适量
橄榄油	适量
意大利香醋	适量
盐、胡椒碎	各适量

制作

1. 将鲜鱼去皮切块，生牡蛎、生火腿、干番茄（油浸）、小葱均切末，放进碗中。
2. 加入盐、胡椒碎、意大利香醋、橄榄油，搅拌均匀进行调味。

III 切丝沙拉

食材

去皮胡萝卜	1 个
红心萝卜	1 个
紫萝卜	1 个
葱苗	适量

制作

1. 将去皮胡萝卜、红心萝卜、紫萝卜均切丝，过冰水（过冰水的目的是使其口感更加硬脆）。
2. 加入葱苗拌匀。

IV 装盘

制作

1. 将冷藏好的慕斯拿出，再将做好的鲜鱼与牡蛎装进圈模中定型，放在慕斯上。
2. 将表面摆放切丝沙拉装饰，洒上一点橄榄油即可。

名厨系列

慕斯马苏里拉奶酪
+腌泡三文鱼
+番茄果子冻

I 慕斯

马苏里拉奶酪	100 克	打发淡奶油	100 毫升
罗勒叶	5 克	吉利丁 5 克（使用 4～6 倍的水泡制）	
牛奶	80 毫升	盐、胡椒碎	各适量

1. 将马苏里拉奶酪倒入料理机中。

2. 将牛奶倒入锅中，加入罗勒叶煮沸。然后捞出罗勒叶，将牛奶倒入料理机中，打成糊状。

3. 将打好的糊稍微加热，再加入泡软的吉利丁，搅拌至吉利丁化开。

4. 分次加入打发好的淡奶油，搅拌均匀，加入盐、胡椒碎进行调味。

5. 倒入圈模中约 2 厘米的高度，放冰箱冷藏。

▐▌ 番茄冻

食材

番茄	1 个
吉利丁粉	番茄水分重量的 3%
盐、胡椒碎	各适量

制作

1. 将番茄切块，用手持料理机打至泥状。
2. 将打好的番茄泥倒入锅中加热，使番茄水与番茄沫更快分离。
3. 倒入铺有厨房用纸的漏网中，进行过滤。
4. 在番茄水中加入吉利丁粉搅拌均匀，然后加入盐和胡椒碎调味，隔冰水降温，再放入冰箱冷藏凝固，备用。

▐▌▌ 装盘

其他食材

腌三文鱼	16 片
小番茄	12 个
罗勒叶	5 克
食用花	适量
盐	少许
橄榄油	少许

制作

1. 将小番茄切半，表面撒少许盐。
2. 将腌好的三文鱼切片，卷起成花的形状。
3. 将慕斯取出，放入盘中。表面摆放三文鱼、小番茄、罗勒叶。
4-5. 将番茄冻取出，用勺子将其捣碎，装饰在盘边缘。
6. 摆放食用花，淋少许橄榄油即可。

「 烟熏三文鱼配全麦面包 」

烟熏三文鱼	3 片
黑橄榄	3 个
青橄榄	3 个
紫叶生菜	2 片
苦菊生菜	少许
紫甘蓝	20 克
全麦面包	3 片
小番茄	3 个

制作

1. 黑橄榄、青橄榄均切成小圈。紫甘蓝、紫叶生菜、苦菊生菜均切成丝状，长度 4 厘米左右。小番茄一切为二。

2-3. 把全麦面包稍烘烤下（不要太焦），把切好的蔬菜丝和橄榄圈放在全麦面包的上面。

4. 再将切好的小番茄放上，每个面包分别放 3 个左右，作为装饰。

5-6. 把烟熏三文鱼卷成花的形状，卷好后把外边翻折开，放在面包边上，装盘，装饰即可。

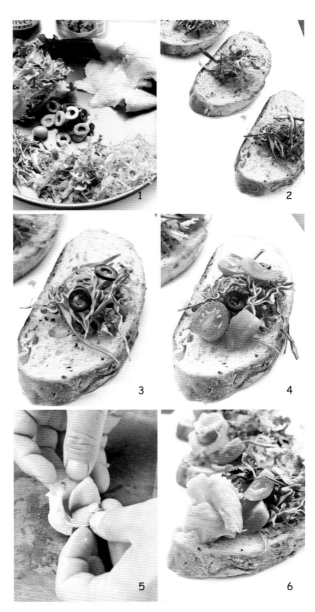

Tips

1. 面包可以放在不粘锅中加热，注意不要烤焦。

2. 烟熏三文鱼在大型超市都有卖，也可以用其他烟熏的肉来代替。

3. 三文鱼与番茄搭配，口感上没有鱼的腥味，有些淡淡的番茄酸味。

蘑菇配卡帕奇欧

🍳 制作

1. 将新鲜牛肝菌、大褐菇、香菇均切薄片，备用。

2. 将紫薯用剥皮刀去皮，切成薄片，放在水中浸泡半小时。

3. 将大豆油倒入锅内，加热至160℃~170℃，放入切好的紫薯片炸熟至脆，捞出，用厨房用纸擦除表面油渍。

4. 将去皮扁桃仁放进烤箱，以160℃温度烤熟，或者加热锅后放在锅内将其烤熟（需要不停翻动）。

5. 将烤熟的扁桃仁放进料理机内，打至细沙状（扁桃仁放凉后再放入料理机内）。

6. 用刷子将芥末酱刷在盘内，呈长条状，在表面撒上扁桃仁粉，再将盘内两侧刷上适量的蜂蜜，在蜂蜜表面撒上切成小段的莳萝。

7. 摘取几片新鲜的比萨草叶，放在盘内，最后放上切片的香菇、牛肝菌、大褐菇。

8. 在表面淋上几滴特级初榨橄榄油，再喷上盐水（水1000毫升，盐350克），撒上黑胡椒粉。

9. 将帕玛森干酪切片放在盘内，放上炸好的紫薯，再放上比萨草叶，放上三色堇点缀，最后滴上柠檬汁即可。

📋 食材

去皮扁桃仁	62.5克	柠檬汁	4克
新鲜牛肝菌	12.5克	紫薯	适量
大褐菇	12.5克	新鲜比萨草叶	适量
香菇	12.5克	大豆油	适量
盐	1.25克	莳萝	2根
帕玛森干酪	15克	三色堇（白色、黄色）	3朵
黑胡椒粉	1.25克	芥末酱	适量
特级初榨橄榄油	10毫升	蜂蜜	适量

冈底佐拉奶酪慕斯
+核桃佐西芹青苹果

▌冈底佐拉奶酪慕斯

📋 食材

吉利丁片	0.5 克
冈底佐拉干酪	18.75 克
意大利乳清奶酪	25 克
西芹	12.5 克
青苹果	1/2 个
盐	适量
胡椒碎	适量
淡奶油	20 毫升
核桃仁	12.5 克
柠檬水	适量

👩‍🍳 制作

1. 将吉利丁片放冷水内泡软。

2. 将淡奶油倒入锅内, 加热（淡奶油无需沸腾）, 然后加入冈底佐拉干酪, 边搅拌边煮制。

3. 加入泡好的吉利丁片搅拌化开, 放入冰箱待用。

4. 取适量的青苹果和西芹, 均切成 1 厘米左右的丁状, 放入柠檬水中浸泡, 防止氧化。

5. 将核桃仁切碎, 备用。

6. 将意大利乳清奶酪放入打蛋桶内, 然后加入冷藏的"步骤 3"酱料, 慢速搅拌均匀, 再加入适量的盐和胡椒碎调味。

7. 将切丁的苹果与西芹捞出, 加入其中, 再加入适量核桃碎搅拌均匀。

Ⅱ 苹果醋酱汁

📋 食材

苹果醋	5 毫升
玉米淀粉	2 克
黄油	2 克

👨‍🍳 制作

1. 锅加热, 加入黄油化开, 再将苹果醋倒入锅内加热。

2. 然后加入淀粉汁搅拌均匀 (淀粉汁: 水与玉米淀粉混合均匀制作而成), 再次煮沸 (如若口味过重, 可加适量的水与蜂蜜调节口味)。

Ⅲ 装盘

📋 其他食材

白色吐司片	2 片

👨‍🍳 制作

1-3. 将白色吐司片用 7 号圆圈模压切出圆形, 然后将做好的冈底佐拉奶酪慕斯用勺子抹在圆吐司片上, 再放上另外一片吐司片, 四周处理干净, 将边缘部分粘上核桃碎, 放在盘中间处。

4. 将青苹果切成薄片, 摆放在吐司边缘, 将吐司表面淋上苹果酱汁, 表面切西芹条进行装饰, 上面再放上半个核桃仁。

5. 用勺子装一勺冈底佐拉奶酪慕斯抹在盘内, 表面放上适量的核桃碎, 淋上特级初榨橄榄油即可。

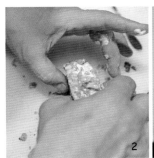

IV | 餐前汤

西餐中的餐前汤常常被称为开胃汤，通常是将海鲜、肉类或蔬菜等加工调味盛入汤碗里而成。汤品一般使用材料较多，味道也比大多数中式汤浓重。西餐的汤品可分为以下几种：清汤、奶油汤、蔬菜汤、特制的汤、地方性或传统性的汤。

「 罗宋汤 」

📋 食材

牛油	20 克
洋葱片	40 克
胡萝卜片	30 克
西芹条	20 克
圆椒片	20 克
香叶	1 片
番茄膏	90 克
椰菜块	20 克
牛清汤	200 毫升
番茄沙司	5 克
牛肉粒	100 克
土豆块	30 克
番茄块	30 克
红菜头	30 克
柠檬汁	少许
盐	少许
辣椒籽	适量

🍳 制作

1. 先将牛肉粒用牛油煎香。

2-4. 然后依次加入洋葱片、西芹条、胡萝卜片、土豆块，炒香。

5-7. 再加入圆椒片、番茄块、红菜头、椰菜块，稍微炒一下。

8. 最后加入香叶、番茄膏，炒 5 分钟。

9. 倒入牛清汤，煮开后用小火熬 20 分钟。

10. 用盐、番茄沙司、柠檬汁、辣椒籽调味即可。

煎布丁鹅肝
+法式清汤

制作

1. 取 100 克鹅肝切块，备用。

2-3. 将 90 毫升法式清汤和鸡高汤倒入锅中煮沸，放盐和胡椒碎调味。再分次加入切好的鹅肝中，用打蛋器搅拌均匀（不要一次性倒入，避免鹅肝分离）。

4. 在淡奶油中放入一个蛋黄和一个全蛋。

5. 将"步骤 4"加入"步骤 2-3"中，用手动打蛋器搅拌均匀。

6-7. 放入漏斗过筛，放入汤碗中，表面裹一层保鲜膜，放入烤箱以 100℃ 蒸 15 分钟。（也可用蒸锅蒸）。

8-9. 将剩余 20 克鹅肝表面撒少许盐、胡椒碎调味，裹上小麦粉放入不粘锅内，大火进行煎制，煎好后用厨房用纸将表层的油吸净。

10. 将烤好的"步骤 6-7"取出，倒入剩余的 30 毫升法式清汤，摆放煎好的鹅肝，以松露、小葱碎装饰即可。

Tips

松露可经过烤制后再装饰，也可不烤制。

食材

鹅肝	120 克	盐	适量
法式清汤	120 毫升	胡椒碎	适量
鸡高汤	90 毫升	小麦粉	少许
淡奶油	90 毫升	松露（切丝）	1 枚
蛋黄	1 个	小葱（切碎）	1 棵
全蛋	1 个		

「 酥皮银鳕鱼周打汤 」

食材

酥皮	1 块（12 厘米 ×12 厘米）
洋葱、彩椒、薯仔、白菌片	各 2 克
蛋浆	5 克
银鳕鱼	25 克
忌廉汤	200 毫升

制作

1-2. 依次把银鳕鱼、洋葱、彩椒、薯仔、白菌片切粒，备用。

3-7. 然后依次将银鳕鱼粒、洋葱粒、彩椒粒、薯仔粒、白菌粒放入锅内煮熟。

8-9. 把煮熟的配料捞出沥干，加入忌廉汤内，稍煮，再盛入汤盅内。

10-11. 酥皮刷上蛋浆，盖在汤盅上，放入底火200℃、上火180℃的焗炉内，焗至金黄色即可。

名厨系列

烤鲜鱼+白四季豆蔬菜汤

白四季豆蔬菜汤

食材

蛤蜊	500 克	大葱	1/10 个
白葡萄酒	适量	芜菁	1/2 个
大蒜	3 克	鱼高汤	300 毫升
橄榄油	10 毫升	蛤蜊的高汤	30 毫升
培根	10 克	白四季豆	1 大勺
胡萝卜	40 克	土豆	1/2 个
芹菜	1/2 棵	卷心菜	2 个

制作

1. 在蛤蜊中放入白葡萄酒煮至蛤蜊开口，煮好后进行过滤，留蛤蜊、蛤蜊汤备用。

2. 将大蒜切末，放入锅中，倒入橄榄油进行炒制。炒出香味后，放入切好的培根末翻炒均匀。

3. 再将胡萝卜、芹菜、大葱、芜菁切块，放入锅中，进行翻炒，加入鱼高汤、蛤蜊高汤（煮蛤蜊的汤）煮沸。

4. 放入白四季豆、切好的土豆块继续煮制，最后加入掰好的卷心菜块煮至浓稠，加入蛤蜊备用。（白四季豆等待汤煮沸后再放入，避免煮碎。）

II 白身鱼处理

食材

白身鱼	50克
盐、胡椒碎	各适量
橄榄油	适量

制作

热锅，放入少许橄榄油烧热。在白身鱼表面撒少许盐、胡椒碎调味，鱼皮朝下放入锅内煎制上色（用手按压，使鱼皮更加平整），取出待用。

III 装饰用料处理

食材

百里香	适量
罗勒叶	适量
莳萝	适量
色拉油	少许

制作

在锅中倒入色拉油，油热后放入百里香、罗勒叶、莳萝进行炸制，然后快速捞出，用厨房用纸吸油备用。

IV 装盘

制作

将腌肉菜汤装盘，表面摆放煎好的白身鱼（鱼皮朝上），最后摆放百里香、罗勒叶、莳萝进行装饰即可。

带子甜豆浓汤

食材

甜豆	150 克
洋葱	20 克
带子	30 克
淡奶油	10 毫升
盐	适量
橄榄油	10 毫升
清水	100 毫升

制作

1. 洋葱切碎，甜豆洗净。起锅倒入橄榄油烧热，放入洋葱碎与甜豆，小火炒香，加入清水烧 30 分钟，再加淡奶油、盐调味。

2-3. 取搅拌机，倒入甜豆和汁水，打成浓汤后过滤备用。

4. 带子撒盐腌制 3 分钟。起锅入橄榄油烧热，放入带子煎熟，取出切片，取汤碗倒入浓汤，再放入带子片，装盘即可。

「 酥皮蘑菇忌廉汤 」

食材

酥皮 1 块	（12 厘米 ×12 厘米）
忌廉汤	200 毫升
冬菇	10 克
白菌	10 克
洋葱	20 克
牛油	10 克
蛋黄	10 克
大蒜	5 克
薯仔	20 克
菌菇汁	10 毫升
鸡汤	500 毫升

制作

1-3. 洋葱切丝，5 克冬菇、5 克白菌、大蒜、薯仔均切片，然后用牛油炒香，再加入鸡汤烩淋。

4. 接着用搅拌机搅打成蓉。

5-7. 将打好的菌蓉放在忌廉汤内，再加入菌菇汁，用慢火煮约 5 分钟至稀稠，过滤后装入汤盅内。将余下的菌菇切粒，放入汤内。

8-9. 酥皮刷上蛋黄液，盖在汤盅上，放入底火 200℃、上火 180℃的焗炉内，焗至金黄色即可。

「 松仁南瓜汤 」

食材

老南瓜	500 克
盐	适量
黄油	20 克
松仁	100 克
淡奶油	20 毫升
牛奶	50 毫升
洋葱丝	50 克
清水	500 毫升

制作

1-2. 老南瓜洗净，带皮切大块，放入 180℃的烤箱烤 45 分钟。

3. 将南瓜从烤箱取出，去皮留南瓜肉。将松仁用小火炒熟。

4. 起锅放黄油加热，放入洋葱丝小火炒香。

5. 锅中再加入南瓜，慢炒 10 分钟。

6. 然后加入清水熬煮 45 分钟。

7. 最后用搅拌机搅成浓汤，倒入牛奶加热，放入盐调味，装入汤碗后撒松仁，淋淡奶油即可。

奶油蘑菇汤

菌菇（5种）	200 克	胡椒碎	少许
黄油	少许	淡奶油	适量（根据个人口味）
白洋葱	1 个	松露	适量
大蒜	1 瓣	香葱末	适量
鸡高汤	漫过食材的量	法棍片	适量
盐	少许		

制作

1. 将白洋葱、大蒜均切末。锅中放入黄油，将大蒜末、白洋葱末炒香。

2-3. 将菌菇清洗，切碎，放入锅中，用中火炒至菌菇水分挥发，然后加入鸡高汤，小火熬至沸腾。

4-5. 将煮好的菌菇汤用手动料理机打碎，先加入盐、胡椒碎调味，再加入淡奶油搅拌均匀，小火保温。

6. 将菌菇汤装汤碗，表面摆放松露和少量香葱末，搭配法棍片即可。

Tips

1. 炒大蒜时尽量使用冷油或冷黄油，避免大蒜上色变焦色。

2. 炒菌菇类时不太容易变焦，故用中火炒制，洋葱容易炒焦宜用小火。

3. 按照个人喜好可最后再加入一些黄油。

4. 以奶油蘑菇汤为基础也可以做意大利面等。

「洋葱汤」

食材

白洋葱	250 克
黄油	适量
鸡高汤	漫过食材的量
法式清汤	漫过食材的量
盐	少许
胡椒碎	少许
芝士碎	适量
香葱末	适量
法棍片	两片

制作

1. 锅中放入黄油烧热，加入切碎的白洋葱小火慢炒，以锁住其营养，然后加入盐、胡椒碎调味，炒至上色，水分挥发。

2. 接着加入鸡高汤和法式清汤，进行熬煮，至白洋葱碎变软。

3. 将白洋葱汤装盘，表面摆放法棍片和芝士碎进行烘烤，至法棍片表面变至金黄色，取出，在表面撒少量香葱末即可。

V | 副菜

副菜是起衬托主菜作用的一道菜，同样是为
了引起食客食欲。副菜的分量一般不会太多，
多以水产类菜肴的形式呈现。

牛肉卡帕奇欧

🍳 制作

1-5. 将帕玛森奶酪切片，干红辣椒切碎，牛里脊（纯瘦肉）切成大小均匀的块状。将切好的牛里脊表面有条纹的一面朝上放进真空袋，先用手压扁，再用肉锤敲扁。将敲扁的牛里脊连同真空袋一起切成长条。

6. 将真空袋撕开一面，牛里脊贴在盘内，表面放上扁桃仁碎。

7. 将另外一面真空袋撕开，表面放上帕玛森奶酪片及水瓜柳。

8. 在扁桃仁碎边上放上干红辣椒，另一边放上芝麻菜，在肉的表面撒上适量的盐、黑胡椒碎，挤上柠檬汁。

9. 在盘子的另一边，用意大利香酒醋挤出连续的水滴形的点。最后，放上三色堇花作为装饰。

📋 食材

牛里脊	25 克	黑胡椒碎	0.25 克
柠檬	0.25 克	芝麻菜	2.5 克
水瓜柳	1.25 克	帕玛森奶酪	2.5 克
特级初榨橄榄油	5 毫升	三色堇	1 朵
扁桃仁碎	1.25 克	干红辣椒	0.25 克
盐	0.5 克	意大利香酒醋	1 毫升

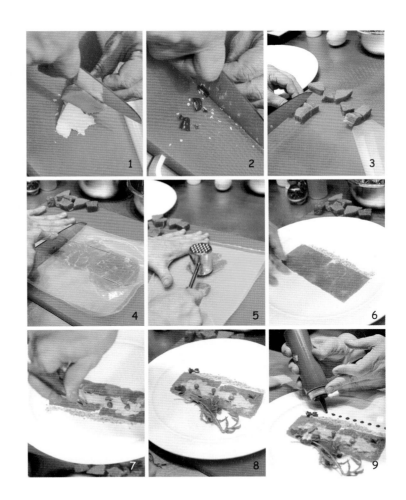

烤派皮包鸭肉+
鹅肝松露配可可酱

I 馅料

食材

鸭碎肉	100 克	胡椒	0.4 克	鸭胸肉	1 片
猪碎肉	70 克	马德拉葡萄酒	4 毫升	松露	2 个
鸡肝	20 克	白兰地	4 毫升		
盐	2 克	鸡蛋	15 克		

制作

1. 将鸭碎肉、猪碎肉、鸡肝分别切碎,放入碗中,加入盐、胡椒调味;再加入马德拉葡萄酒、白兰地,使其增加风味。

2. 加入鸡蛋,搅拌均匀,备用。

3. 另外,将鸭胸肉切块备用,松露切块备用。

II 可可酱

食材

红洋葱	1 个
普通红酒	40 毫升
马德拉葡萄酒	40 毫升
波尔多葡萄酒	30 毫升
白兰地	20 毫升
小牛高汤	100 毫升
可可粉	20 克
黄油	适量
盐、胡椒碎	各适量
橄榄油	适量

制作

1. 将红洋葱切片,在锅中放少许橄榄油,放入红洋葱片炒至出香味。

2. 加入普通红酒、马德拉葡萄酒、波尔多葡萄酒、白兰地进行收汁;然后加入小牛高汤继续煮至浓稠;再加入可可粉搅拌均匀,将煮好的酱汁用滤网进行过滤,在过滤出的酱汁表面铺一层保鲜膜,放入冰箱冷藏备用。

3. 装盘时,将酱汁取出加热,放入黄油,加入少许盐、胡椒碎调味即可。

III 组装

其他食材

派皮（15厘米×15厘米）4片	
鹅肝	40克
蛋液	1个
盐、胡椒碎	各适量
小麦粉	适量
橄榄油	适量

制作

1. 将鹅肝切块，撒少许盐、胡椒碎调味，表面裹小麦粉。

2. 在锅中加入少量橄榄油，放入鹅肝，煎至上色。用厨房用纸进行吸油，在表面铺一层保鲜膜，放入冰箱冷藏备用。

3-4. 将派皮进行裁切，表面刷上蛋液，放上馅料、鸭胸肉、松露和煎好的鹅肝，最后再放一层馅料，再铺一层派皮包紧，用圈模将其裁切整形，放冰箱冷藏静置。

5-6. 将包好的派取出，用刀在表面划出花纹，表面刷蛋液，放入230℃的烤箱，烤约15分钟。

IV 装盘

其他食材

水芹　适量

制作

将烤好的派皮包鸭肉取出，切块摆盘，取适量的酱汁倒入盘中，摆放水芹即可。

低温水煮三文鱼配香槟汁

食材

三文鱼	180 克
青豆	10 克
盐	适量
蟹味菇	10 克
秀珍菇	10 克
樱桃番茄	10 克
莳萝	3 克
金针菇	10 克
香槟汁	100 毫升

制作

1. 三文鱼用盐、莳萝腌制 5 分钟，再把三文鱼装袋后用真空机抽真空。

2. 放入恒温 59.5℃的热水中浸 11 分钟取出，备用。

3. 将蟹味菇、金针菇、秀珍菇均洗净，切成段。起锅加橄榄油烧热，放入青豆与菌菇炒香，放入盐调味。

4. 取出三文鱼，按图装盘，淋香槟汁，用喷火枪烧至上颜色，装饰即可。

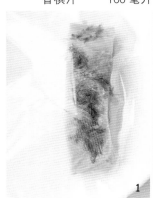

法式银鳕鱼配奶油汁

👨‍🍳 制作

- -

1. 蔬菜全部洗净，圣女果从中间切成4瓣，白蘑菇切成片状，彩椒切成条状，备用。

2-3. 锅先烧热，放入橄榄油，把鱼肉裹上面粉，煎至表面呈金黄色。

4-5. 另起锅，放入小块黄油，炒香蘑菇片至上色。

6-7. 再放入剩余切好的蔬菜一起炒香，放入盐调味，加些百里香。

8. 加入淡奶油，大火收汁，直到浓稠，备用。

9-10. 最后把蔬菜放在盘子中间，上面放上鳕鱼块，淋上奶油汁，撒胡椒粉即可。

🏷️ Tips

1.鱼肉裹上面粉，煎的时候不容易粘锅。

2.奶油酱汁不宜过于浓稠，火力不要太大。

3.鳕鱼比较嫩，不易煎得过老，影响口感。

📋 食材

银鳕鱼	1块	低筋面粉	20克
白蘑菇	2个	淡奶油	50毫升
圣女果	3个	白胡椒粉	少许
彩椒	1/4个	橄榄油	少许
黄油	适量	盐	少许
百里香	少许		

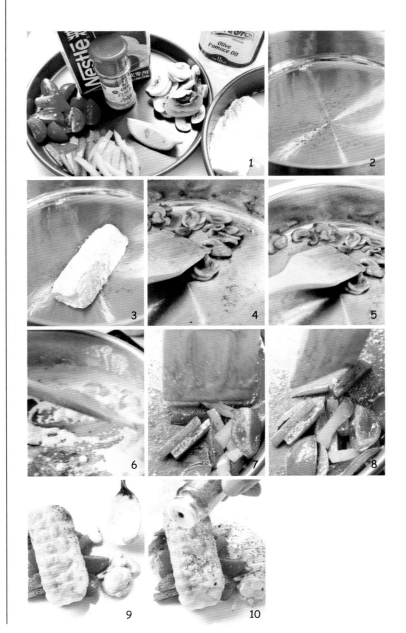

📋 食材

鳕鱼	166 克
盐	2.5 克
大蒜瓣	1 个
特级初榨橄榄油	33.3 毫升
意大利芹叶	3 片
淀粉汁	20 克
意大利香酒醋	5 毫升
白酒醋	适量

👨‍🍳 制作

1. 鳕鱼去骨、去肉、去皮；将鱼肉放入锅内，鱼骨和鱼皮放在网筛内，放入锅中（如果不吃鱼皮，可以省却此做法）。

2. 加入冷水，水没过鱼肉，加热煮至沸腾，撇出鱼汤表层沫后，将鳕鱼肉翻面。

3. 用网筛捞出鱼肉，放在冰水中冷却，再将冷却的鱼肉放入打蛋桶内。

4. 先用扇形打蛋器中速打制，然后快速打碎，再用网状打蛋球快速搅打成泥，并加入特级初榨橄榄油与盐，进行调味。

5. 将煮好的鳕鱼汤过滤，放入锅内熬制，加入大蒜瓣，两片意大利芹叶，煮至沸腾。

6. 将淀粉汁以边搅拌边加入的方式，倒入锅内，然后加入适量的白酒醋，加入盐，搅拌均匀，停火，制成鳕鱼酱汁。

7. 将鳕鱼酱汁用网筛过滤，备用。

8. 装两勺过滤的鳕鱼酱汁放在盘内。用保鲜膜将勺子包裹住，挖上一勺打制好的鳕鱼肉，两个勺子来回移交鳕鱼肉泥，使鳕鱼肉泥在勺子上旋转，成橄榄状。制作 3 个橄榄状肉泥，将其呈 120° 在盘内摆一圈。

9. 将鳕鱼肉的中间放上一片意大利芹叶，再放上一片大蒜片，三点交界处各点上一滴意大利香酒醋，并带出线条。

名厨系列

面皮包金枪鱼
+蔬菜杂烩

I 主食材

食材

金枪鱼肉	60 克
意大利培根薄片	6 片
冷冻派皮	4 片
澄清黄油	适量

制作

1. 取意大利培根薄片平铺在菜板上,将金枪鱼肉切成长方体状放在意大利培根薄片一端,将其卷起。

2-3. 在冷冻派皮上刷少许化开的澄清黄油,将"步骤1"放在表面将其卷起,需包两层冷冻派皮。在表面刷少量澄清黄油,放入冰箱冷藏备用。

II 酱料

食材

红洋葱	10 克
生姜	5 克
番茄酱	40 克
意大利香醋	20 毫升
酱油	20 毫升
生姜	15 克
黄油	50 克

制作

1. 将红洋葱切碎,生姜去皮切碎,放入锅中,加入意大利香醋、酱油、番茄酱,搅拌均匀,小火煮沸收汁;用手持料理机打碎,边搅打边加入黄油。

2. 搅拌均匀,用锥形网筛进行过滤即可。

Ⅲ 酱汁

食材

黄油	40 克
蒜	2 瓣
红洋葱	1/2 个
番茄	1 个
欧芹	1 根
酱油	适量
盐、胡椒碎	各适量

制作

1. 将番茄放入煮沸的水中约 3 秒, 取出放入冰水中, 过水去皮。

2. 将番茄去皮, 去内心, 切小块; 将红洋葱、蒜、欧芹均切末, 备用。

3. 在锅中放入黄油, 加热将黄油化开, 加入"步骤 2"搅拌均匀即可。

Ⅳ 蔬菜杂烩

食材

白洋葱	1/2 个
罗勒叶	1 枝
红彩椒	1 个
西葫芦	1/2 个
茄子	1 个
番茄	1 个
盐、胡椒碎	各适量
橄榄油	适量

制作

1. 白洋葱切块, 红彩椒切块。

2. 在锅中加入少许橄榄油, 放入白洋葱块, 炒至变软, 然后加入罗勒叶, 使其增加香味, 再加入红彩椒块翻炒均匀。将西葫芦切块, 另取一个锅, 在锅中加入少许橄榄油, 放入西葫芦块, 加入盐、胡椒碎进行炒制。

3. 将炒好的西葫芦放入白洋葱块与红彩椒块的锅内, 继续小火炒制。

4. 将茄子切块, 另取一个锅, 在锅中加入少许橄榄油, 放入茄子块, 加入盐、胡椒碎进行炒制。将炒好的茄子块放入"步骤 3"中, 继续小火炒制。

5. 将番茄切块, 另取一个锅, 在锅中加入少许橄榄油, 放入番茄块, 进行炒制。将炒好的番茄块放入"步骤 4"中, 继续小火炒制。

6. 最后加入盐、胡椒碎调味, 放常温冷却即可。

Ⅴ 装盘

其他食材

面包糠	适量
帕尔马芝士	适量
黄油	少许

- -

制作

1. 将蔬菜杂烩放入圈模中,表面撒面包糠、帕尔马芝士,放入 200 ℃的烤箱烤 15 分钟左右。

2. 在锅中加入少许黄油,将包好的金枪鱼放入锅中,进行煎制,至四周全部煎制上色后放入 200℃的烤箱,烤约 2 分钟。

3. 将酱料取出,进行加热,边加热边搅拌均匀。

4. 将烤好的蔬菜杂烩取出摆盘,用勺子将酱料在盘中画出图案,再将烤好的"步骤 2"取出摆盘,淋上酱汁即可。

名厨系列

金枪鱼片配肥鹅肝

🍳 制作

1. 将石榴切开，取果肉颗粒，果肉放在量杯内用擀面杖捣压出石榴汁，过滤，取石榴汁、石榴果肉待用。

2-3. 将金枪鱼切成两块大小均匀的方块状，再将鹅肝切成厚度为1厘米的块，大小与金枪鱼相同。

4. 热锅，将鹅肝放锅内，煎至两面焦黄色，关火取出。（鹅肝内含有大量油脂，不用另外加入油脂。）

5. 将金枪鱼放入，煎至两面上色后，关火取出。

6. 在锅内放入牛骨烧汁、石榴汁、白葡萄酒、意大利香酒醋、白酒醋，混合熬至均匀，加入黑胡椒碎即可。

7. 将熬制好的酱汁装两勺在盘内，并画出由宽到细的线条。

8. 将金枪鱼摆放在酱汁上，鹅肝放在金枪鱼上，焦糖洋葱放在鹅肝上。

9. 将莳萝放在两块金枪鱼中间处，边缘摆上石榴果肉颗粒，最后，在表面喷上盐水，淋上特级初榨橄榄油即可。

📋 食材

金枪鱼	100 克	莳萝	5 克
肥鹅肝	50 克	盐水	2.5 克
石榴	1 个	意大利香酒醋	5 克
黑胡椒碎	1 克	白酒醋	5 克
白葡萄酒	25 毫升	牛骨烧汁	15 克
特级初榨橄榄油	5 毫升	焦糖洋葱	10 克

 Tips

焦糖洋葱的制作： 先将黄油放入锅中化开，加入糖和醋，再放入洋葱，炒至变软即可。

名厨系列

蒸石斑鱼片

❚ 奶油藏红花汁

📋 食材

藏红花花蕊	1 撮
白葡萄酒	60 毫升
特级初榨橄榄油	7.5 毫升
分葱	5 克
淡奶油	125 毫升
柠檬汁	2.5 毫升
黄油	适量
百里香	适量

🧑‍🍳 制作

1. 取适量的藏红花花蕊放在油纸内，包裹住，放微波炉内中高火旋转 30 秒左右，取出，用勺子来回碾压成粉末状。

2. 将藏红花末倒入盆中，再在盆内加入白葡萄酒，浸泡。

3. 将分葱切碎，倒入锅内，加入黄油（或橄榄油），再加入百里香，开火，将黄油化开，炒香分葱。

4-5. 待分葱炒至偏黄时，加入白葡萄酒浸泡的藏红花花蕊，熬至收汁，将收汁的藏红花花蕊过滤到淡奶油中，搅拌均匀。

6-7. 将搅拌均匀的淡奶油倒入锅中，加热至沸腾，（可加小块黄油化开后调节酱汁浓稠度），最后加入适量的柠檬汁调节口味。

‖ 蒸石斑鱼柳

📋 食材

石斑鱼柳	85 克
盐	3 克
黑胡椒碎	0.5 克
特级初榨橄榄油	10 毫升
白葡萄酒	10 毫升

👨‍🍳 制作

将石斑鱼切取两侧肉片，对半切开，放在油纸上，表面撒上盐，刷上特级初榨橄榄油，淋上白葡萄酒，撒上黑胡椒碎，包裹好，放入烤箱以 170℃～ 175℃的温度烘烤 5 ～ 10 分钟。

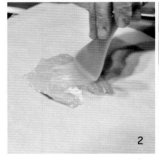
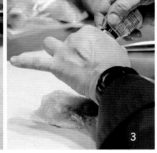

‖ 大蒜炒菠菜

📋 食材

小菠菜叶	175 克
特级初榨橄榄油	5 毫升
蒜瓣	2 个
盐	2.5 克
黑胡椒碎	1 克
白葡萄酒	7.5 毫升
柠檬汁	0.5 毫升

👨‍🍳 制作

1. 将菠菜去除根部并洗净，备用。
2. 热锅，倒入特级初榨橄榄油，加入拍扁的大蒜，再放入菠菜，翻炒均匀后取出大蒜。
3-4. 倒入白葡萄酒，盖上锅盖，焖制 2 分钟，关火。放入柠檬汁、盐和黑胡椒碎，拌匀即可。

Ⅳ 柠檬泡沫

📋 食材

柠檬汁	60 毫升
大豆卵磷脂	1.5 克

👨‍🍳 制作

将柠檬取汁倒入容器内,先加入食用冷水(2:1 比例放入),再加入大豆卵磷脂,用均质机均匀打发(将空气搅打进入,从而产生泡沫)。

Ⅴ 装盘

📋 其他食材

百里香	适量
石榴	1 个

👨‍🍳 制作

1. 将盘子稍微放温水中温热一下,取出擦干水。将奶油藏红花汁加热待用。将盘子内刷一条奶油藏红花汁,先在盘子中间处放上圈模,圈模内放上大蒜炒菠菜,然后取出圈模。

2. 将蒸好的石斑鱼柳斜着搭在菠菜一侧,将柠檬皮切成长条,扭曲成螺旋状放在表面,一侧放上百里香。

3. 装两勺柠檬泡沫舀至菠菜上,在奶油藏红花汁表面放上石榴颗粒即可。

名厨系列

腌泡三文鱼
+蔬菜果冻卷

I 腌三文鱼

食材

三文鱼	1/2 条
盐	180 克
砂糖	60 克
黑胡椒碎	30 克
莳萝	适量
橙皮丝	适量
柠檬皮丝	适量

制作

1. 将盐、砂糖、黑胡椒碎、莳萝、橙皮丝、柠檬皮丝放入碗中，搅拌均匀，形成混合调料。

2. 将混合调料放在烤盘中，铺上三文鱼，再在三文鱼表面撒上一层混合调料，包上一层保鲜膜腌制一晚。

3. 取出腌制好的三文鱼，用水清洗，备用。

II 馅料

食材

腌三文鱼	50 克
奶油奶酪	50 克
土豆泥	50 克
红洋葱	20 克
苹果	1/2 个
蛋黄酱	20 克

制作

1. 将腌好的三文鱼、奶油奶酪、土豆泥放进料理机中，搅拌。

2. 加入蛋黄酱，继续搅打成泥，取出。

3. 将红洋葱切成小块，苹果去皮切成小块，一起加入"步骤 2"中，搅拌均匀即可。

Ⅲ 肉卷

食材

腌三文鱼　　　　10 片

制作

1-2. 将腌好的三文鱼切片, 然后放在保鲜膜上, 排列整齐。

3-5. 将馅料装进裱花袋中, 在铺好的三文鱼片上挤入馅料, 将其卷起, 放冰
箱冷藏即可。

Ⅳ 果冻

 食材

红彩椒	1 个
黄彩椒	1 个
黄瓜	1 个
莳萝叶	适量
法式清汤	200 毫升
吉利丁	6 克

（用 30 毫升冷水浸泡变软）

盐	适量
胡椒碎	适量
橄榄油	适量

制作

1. 红彩椒、黄彩椒、黄瓜均去心，切丁。

2. 将红彩椒丁、黄彩椒丁在煮沸的水中过水约 20 秒，再放入冰水中约 2 秒钟取出，用厨房用纸进行吸水。

3-4. 将腌制好的三文鱼切丁，与彩椒丁、黄瓜丁混合均匀，莳萝叶子切末放进去，再加入盐、胡椒碎、橄榄油进行调味。

5. 将法式清汤加热，加入泡软的吉利丁，搅拌均匀，离火，隔冰水冷却至常温。

6. 取一半冷却好的法式清汤，加入"步骤 3-4"中，拌匀。

7. 用勺子将混合均匀的食材装进准备好的 6 寸圈模中，约六分满。

8. 再将剩余法式清汤隔冰水进行冷却，至浓稠状态，倒入"步骤 7"中，约七分满。最后放入冰箱中，冷藏凝固。

Tips

将圈模底部围上一圈无褶皱的保鲜膜。

V 酱汁

食材

红彩椒	1/2 个
洋葱	1/2 个
鸡高汤	漫过食材的量
盐、胡椒碎	各适量

制作

1. 将洋葱、红彩椒均切丝，放进锅中炒香。

2. 倒入鸡高汤，煮至浓稠，用手持料理机打碎成泥，加入盐和胡椒碎，进行调味。

3. 隔冰水冷却，放入冰箱冷藏。

VI 装盘

其他食材

橙皮屑	适量
食用花	适量

制作

1. 将酱汁装饰在盘中，摆放切段的肉卷和果冻。

2. 加入橙皮屑、食用花装饰即可。

名厨系列

腌泡橘子炸鱿鱼

I 腌橙子

食材

橙子	1 个
蜂蜜	适量
柑曼怡	适量
红胡椒碎	适量

制作

1. 将橙子去皮去筋，留果肉。

2. 加入蜂蜜、柑曼怡、红胡椒碎，根据个人口味进行调味，包上保鲜膜放冰箱冷藏待用。

II 鱿鱼处理

食材

鱿鱼	1 只
蒜泥	适量
盐	适量
胡椒碎	适量
芹菜	1 根
白葡萄酒	适量
小麦粉	适量

制作

1. 将鱿鱼处理干净，切块，放入碗中，再将芹菜切末加入其中。

2. 放入白葡萄酒、蒜泥、盐、胡椒碎，搅拌均匀进行腌制。

3. 将腌好的鱿鱼外部裹上小麦粉，放进油锅中，炸至上色；将炸好的鱿鱼用厨房用纸吸除表面油脂。

Ⅲ 胡椒油醋汁

食材

绿胡椒	5 克
洋葱	30 克
柠檬	1/2 个
橄榄油	25 毫升
盐	适量

制作

1. 绿胡椒切末，洋葱切末，混合搅拌均匀。
2. 挤入柠檬汁，加橄榄油、盐，混合均匀进行调味。

Ⅳ 罗勒酱汁

制作

1. 将罗勒叶放进沸水中约 5 秒（过水的罗勒叶颜色更加鲜绿），再放进冰水中进行冷却，滤干水。
2. 将罗勒叶、罐头醍鱼条、橄榄油、水、蒜倒入量杯中，用手持料理棒打成泥状，包上保鲜膜，放入冰箱冷藏。

食材

罗勒叶	30 克
蒜	2 克
罐头醍鱼条	1/2 条
橄榄油	40 毫升
水	20 毫升

Ⅴ 装盘

其他食材

混合嫩叶	适量
食用花	适量

制作

1. 在盘中摆放腌橙子，再摆放炸好的鱿鱼，淋上胡椒油醋汁和罗勒酱汁。
2. 最后摆放混合嫩叶和食用花装盘即可。

「 北海道照烧鱿鱼筒 」

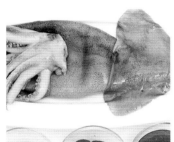

食材

鱿鱼	350 克
淮盐花生	15 克
白芝麻	0.5 克
烧肉汁	50 毫升
淀粉	30 克
胡椒粉	2 克
柠檬汁	5 毫升
白酒	5 毫升
盐	1 克
青椒碎	适量
红椒碎	适量
圣女果	适量

制作

1-2. 锅置火上，加入油烧至 250℃，把已用淀粉、胡椒粉、柠檬汁、白酒、盐腌了半小时的鱿鱼放进去炸。

3-5. 将炸熟的鱿鱼放进烤盘，表面淋上烧肉汁。

6. 再放进 180℃的烤箱，烤 5 分钟。

7-10. 将烤好的鱿鱼取出，切好，装盘，表面淋上烤肉汁，撒淮盐花生、白芝麻、青椒碎、红椒碎，以圣女果装饰即可。

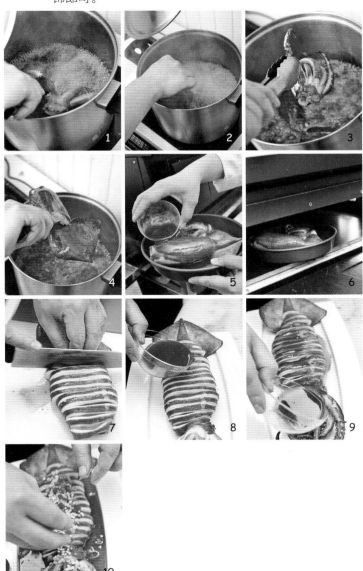

芝士白汁焗海鲜

📋 食材

虾仁 75 克
墨鱼仔 30 克
青口 30 克
带子 30 克
干葱碎 10 克
芝士碎 40 克
蛋黄 30 克

白菌 10 克
洋葱 10 克
彩椒 30 克
白汁 100 毫升
淡奶油 30 克
牛油 10 克
淀粉 50 克

胡椒粉 5 克
柠檬汁 10 毫升
白酒 10 毫升
盐 2 克
牛奶适量

🍳 制作

1. 海鲜用腌料腌半小时，然后焯水。

2-5. 洋葱、彩椒、白菌均切片。

6-13. 热锅，倒入牛油，爆香干葱碎、洋葱片，依次倒入海鲜、彩椒、白菌片、白酒、10 克芝士碎。

14-17. 然后倒入白汁，稍微烩一下，再倒入淡奶油、牛奶调味。

18-20. 关火后倒入蛋黄液，搅拌均匀，装入碟子，把余下的芝士碎撒在表面，放进烤箱，以上下火 200℃烤至金黄色即可。

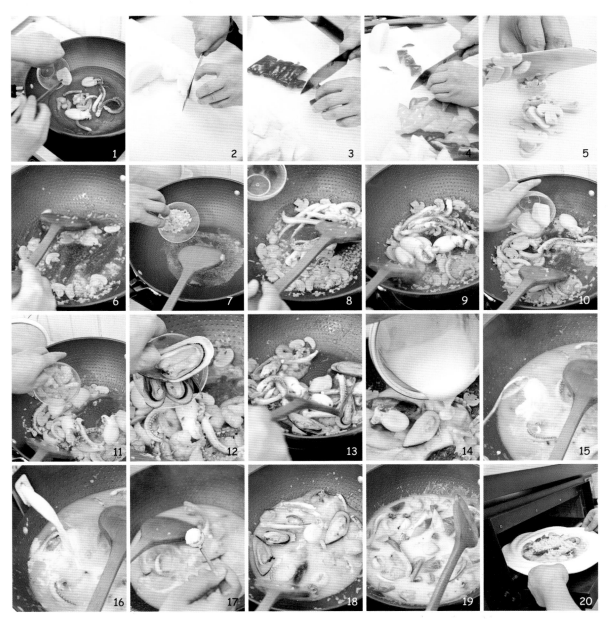

「芝士焗大明虾」

大明虾	200 克
马苏里拉芝士	100 克
蒜	20 克
香葱	20 克
柠檬	20 克
盐	适量
橄榄油	20 毫升

制作

1. 将大明虾从背部划开,洗净。

2. 撒盐,挤柠檬汁腌制5分钟。

3. 然后在大明虾背部刀口处装入芝士。`

4. 再放入烤箱以200℃的温度烤10分钟。

5. 将蒜、香葱均切碎,起锅倒入橄榄油,放入切碎的蒜和香葱炒香,备用。

6. 取菜盘按图摆放,撒上炒香的蒜、香葱作装饰即可。

Tips

制作焗大明虾最好用活的大明虾,因为其肉质有弹性、鲜美。

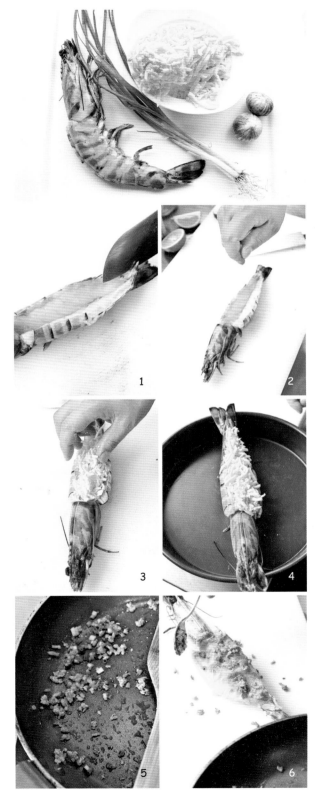

「 蒜香阿根廷红虾 」

食材

阿根廷红虾	180 克
蒜	50 克
洋葱	50 克
香葱	20 克
柠檬	10 克
橄榄油	30 毫升
蟹味菇	20 克
盐	适量
法棍面包	50 克
白胡椒粉	2 克

制作

1. 将红虾背部剪开，洗净。

2. 红虾上撒盐、白胡椒粉，再挤上柠檬汁，腌制5分钟。

3. 洋葱、蒜、香葱均切碎，备用。

4. 起锅倒入橄榄油，放入红虾，撒上洋葱碎、蒜碎同煎。

5. 红虾煎熟后，再撒些香葱碎、蟹味菇炒熟。法棍面包切厚片，烤热。

6. 取菜盘按图摆放，淋上煎虾的汁，装饰即可。

名厨系列

脆皮沼虾卷

鱼贝慕斯

虾仁	100 克
鱿鱼	50 克
蛋黄	1 个
洋葱	1/2 个
香菇	1 片
香菜	适量
盐	适量
胡椒碎	适量
海螯虾	4 只
橄榄油	适量

制作

1. 将洋葱、香菇均处理干净，切块；热锅，倒入橄榄油，加入洋葱块、香菇块翻炒，加盐、胡椒碎调味，备用。

2. 将蛋黄打散，边搅拌边加入橄榄油（调节浓稠度），搅拌至蛋黄微微发白，即为蛋黄酱。

3-4. 将鱿鱼、虾仁放入料理机中，搅打成泥；将香菜切末，与炒制的洋葱块、香菇块和蛋黄酱一起加入鱿鱼虾仁泥中，搅拌均匀。

5. 海螯虾身体部分剥壳，将虾线取出，用刀将虾的腹部切开，撒一些盐和胡椒碎略腌制一下。

6-7. 将"步骤 3-4"馅料放进虾的腹部中包起，用保鲜膜卷起，放入冰箱冷藏即可。

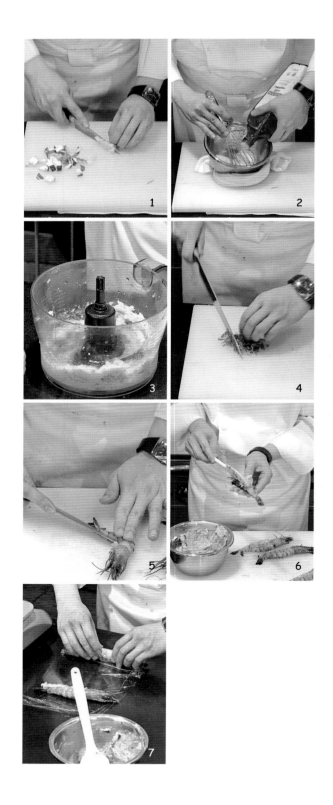

Ⅱ 蟹味增酱料

食材

蛋黄	2 个
芥末酱	1 大勺
意大利香醋	15 毫升
葡萄籽油	180 毫升
大蒜油	30 毫升
蟹味增	70 克
咖喱粉	少量
盐	适量
胡椒碎	适量

制作

1. 在蛋黄中加入芥末酱、意大利香醋、盐、胡椒碎，进行调味。然后加入葡萄籽油、大蒜油，边搅拌边加入，防止分离，再用手动打蛋器搅拌均匀。

2. 最后加入蟹味增、咖喱粉搅拌均匀，在表面铺一层保鲜膜，放入冰箱冷藏。

Ⅲ 酸奶酱

食材

蛋黄	1 个
芥末酱	30 克
苹果醋	15 毫升
葡萄籽油	18 毫升
酸奶	15 毫升
蜂蜜	40 克
盐	适量
胡椒碎	适量

制作

1. 在蛋黄中加入芥末酱、葡萄籽油、苹果醋，边搅拌边加入，防止分离，用手动打蛋器搅拌均匀。

2. 再加入酸奶、蜂蜜搅拌均匀，最后加入盐、胡椒碎调味，表面铺一层保鲜膜，放入冰箱冷藏。

Ⅳ 装饰用料处理

📋 食材　　小番茄　　　4 个

👨‍🍳 制作

1. 在小番茄顶部用刀切开一个"十"字口, 放进沸水中过水约 3 秒, 将番茄皮剥开, 剥至底部不剥断, 并将皮抌直使之竖起。
2. 放入烤箱低温烘烤至番茄皮变干, 即可出炉。

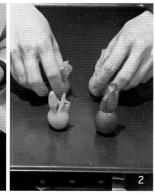

Ⅴ 组装

📋 其他食材　　橄榄油　　　　适量
　　　　　　　　　脆皮卷　　　　适量

👨‍🍳 制作

1. 将鱼贝慕斯取出, 用脆皮卷将其卷起。
2. 在锅中放入橄榄油, 油热后放入鱼贝慕斯炸至橙红色, 捞出, 用厨房用纸吸除表面油脂。

Ⅵ 装盘

👨‍🍳 制作

在盘中摆放炸好的虾、装饰小番茄, 盘内边缘淋上蟹味增酱料和酸奶酱即可。

波士顿龙虾配龙虾汁

食材

波士顿龙虾	400 克
秀珍菇	20 克
蟹味菇	20 克
甜豆	20 克
蒜	20 克
龙虾汁	100 毫升
黄油	50 克
橄榄油	50 毫升
胡椒碎	适量
盐	适量

制作

1. 将龙虾对半切开，洗净。

2. 取切好的一半龙虾，剪开龙虾脚，撒上盐与胡椒碎。

3. 起锅放入黄油，将龙虾煎至上色，再加入蒜，放入烤箱以 200℃ 的温度烤 8 分钟。

4. 另取大蒜切末，蔬菜洗净切段，用橄榄油炒香，取盘按图摆放，最后淋龙虾汁即可。

1

2

3

4

龙虾沙拉+
生培根慕斯

I 食材预处理

食材

龙虾	2 只
芒果	1 个
四季豆	16 根
菊苣（玉兰菜）	8 片

制作

1. 将龙虾头去除，保留身体与钳子，用竹签穿其身体固定，防止在煮制时龙虾身体弯曲。

2. 将龙虾身体和钳子放进锅中，水煮开后 1 分钟将龙虾捞出，用冰水冷却，将龙虾壳去除。

3-4. 龙虾身体切块；芒果去皮，切块；四季豆切小段；将菊苣菜叶瓣开进行处理。

5. 将四季豆过水煮约 1 分钟即可。

II 生火腿慕斯

食材

生火腿	50 克
淡奶油	120 毫升
盐	适量
胡椒碎	适量

制作

1. 将生火腿用手持料理机打碎成泥，放在网筛上面用木铲进行按压，使其更加细腻。

2. 将淡奶油打发至浓稠状态。

3. 将打发好的淡奶油与火腿混合搅拌，加入盐、胡椒碎进行调味。

Ⅲ 酱汁

食材

龙虾高汤	200 毫升
香草籽	适量
淡奶油	100 毫升
盐、胡椒碎	各适量

制作

1. 将龙虾高汤倒入锅中，加入香草籽煮沸。
2. 加入淡奶油，煮至浓稠，放盐、胡椒碎调味。
3. 将煮好的酱汁过滤，包上保鲜膜，放入冰箱冷藏。

Ⅳ 装盘

其他食材

混合嫩叶	适量

制作

1. 在盘中放芒果、四季豆、龙虾肉、菊苣，进行装盘。
2. 淋上做好的酱汁。
3-4. 放上混合嫩叶。用勺子将生火腿慕斯挖出，摆放在盘子边缘装饰即可。

卷心菜包蟹肉+
蛤蜊白黄油酱汁

▌馅料

食材

红彩椒	20 克	蟹味增	20 克（可用蟹黄酱代替）
红洋葱	20 克	鸡蛋	20 克
扇贝	100 克	盐、胡椒碎	各适量
蟹肉	100 克	黄油	适量
（螃蟹提前蒸好）			

制作

1. 将红彩椒、红洋葱均切成碎末；热锅，放入黄油，待黄油化开，加入红彩椒、红洋葱碎翻炒约 1 分钟，加入盐、胡椒碎调味。

2. 将扇贝处理干净，取肉，放入料理机内打成泥。

3. 将扇贝泥取出放入碗中，加入炒好的彩椒碎、洋葱碎，放入剥好的蟹肉、蟹味增和鸡蛋（鸡蛋起到黏着的作用）混合搅拌均匀，加入盐、胡椒碎调味，入冰箱冷藏，待用。

4. 将皱叶卷心菜取叶子，放入煮沸的水中约 5 秒，变软后放入冰块水中约 20 秒捞出。

5. 用厨房用纸将皱叶卷心菜表面的水吸干，放置待用。

II 酱汁

食材

白葡萄酒	200 毫升
（漫过蛤蜊一半的量约为 100 毫升）	
诺利帕特酒	100 毫升
红洋葱	40 克
鱼高汤	200 毫升
蛤蜊高汤	200 毫升
蛤蜊	400 克
黄油	100 克

制作

1. 将蛤蜊放入锅中，倒入白葡萄酒，盖上锅盖，进行蒸煮，煮至蛤蜊全部开口。

2. 将煮好的蛤蜊进行过滤，留蛤蜊肉、蛤蜊汤备用。

3. 将红洋葱切片，倒入少量白葡萄酒和诺利帕特酒进行煮沸，至浓稠。

4. 在红洋葱片中加入蛤蜊高汤（煮蛤蜊的汤）和鱼高汤进行收汁。

5. 将做好的酱汁用网筛过滤，加入黄油搅拌均匀，再加入蛤蜊肉。

III 装盘

其他食材

皱叶卷心菜　2 棵

 制作

1. 桌面铺一层保鲜膜，将皱叶卷心菜去除根部放在保鲜膜上，表面放上馅料（约 20 克），包紧保鲜膜。

2. 将皱叶卷心菜入蒸笼蒸约 20 分钟，取出，用厨房用纸吸干油。

3. 将酱汁装入盘中，摆上做好的皱叶卷心菜，装饰可食用花即可。

名厨系列

螃蟹汤配牛肝菌

📋 食材

螃蟹	100 克
干牛肝菌	2.5 克
土豆	42 克
西芹	9 克
分葱	3 克
意大利芹叶	2 克
白葡萄酒	12 毫升
白兰地	7 毫升
鱼汤	84 毫升
特级初榨橄榄油	4 毫升
盐	2 克
黑胡椒碎	1 克
四季豆	9 克
水	适量
三色堇	适量

🍳 制作

1-3. 将螃蟹对半切开。干牛肝菌放水中浸泡。将土豆去皮,切成 1 厘米左右的丁状,放入水中浸泡。将西芹去皮,切成丁状。分葱切成大块状。

4. 将黄油、西芹丁、分葱块、橄榄油加入锅内,翻炒均匀,然后加入白兰地、白葡萄酒炒至酒精挥发,再加入土豆,翻炒均匀。

5. 将浸泡过干牛肝菌的水过滤后倒入锅内,加入螃蟹块、水、鱼汤煮制0.5~2 小时。

6-8. 煮沸后,放入四季豆与浸泡好的干牛肝菌,继续煮制,煮透即可。

9. 取出大块物质,用均质机(料理棒)将汤汁打至均匀浓稠,加入盐、黑胡椒碎调味。

10. 继续熬制汤汁,用网筛将锅内泡沫捞出。

11. 准备一个碗与一个长盘,碗放在长盘一端。将蟹壳放在碗中,蟹钳放在长盘中,将四季豆切成均匀的长度摆放在蟹钳旁边,将牛肝菌搭在蟹钳上,土豆放在蟹钳前端。

12. 将汤内所煮的混合蔬菜装入碗中,再在碗中装一勺汤。(装汤时用盘子接住,以免汤汁滴落在桌面。)

13. 将意大利芹叶切碎,撒入碗内,再撒上黑胡椒碎,淋上橄榄油,在四季豆上放上三色堇花作点缀即可。

荷兰汁焗生蚝

生蚝	6 只
荷兰汁	120 毫升
洋葱	60 克
红萝卜	60 克
西芹	60 克
白胡椒	2 克
香叶	1 片

制作

1-2. 将生蚝肉与壳分离，生蚝肉清洗干净；洋葱、红萝卜、西芹分别切丝，备用。

3-6. 锅内加水烧开，依次把洋葱丝、红萝卜丝、西芹丝、白胡椒、香叶放入水中煮出味道。

7. 把生蚝肉放到杂菜水里烫熟，连杂菜一起捞起。

8-9. 先把杂菜放在生蚝壳上面，再将生蚝肉放在杂菜上。

10-11. 分别淋上荷兰汁。

12. 放入上火180℃、下火150℃的烤箱，烤至上色即可。

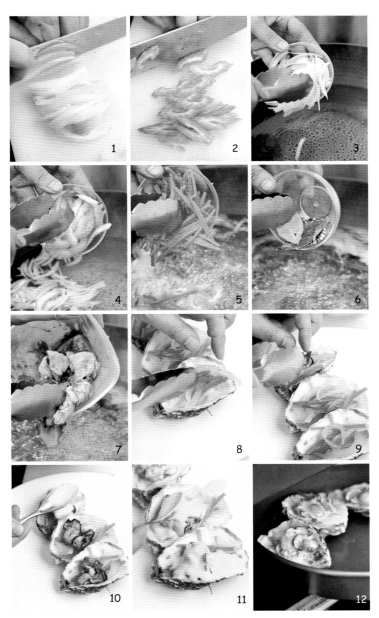

沙当妮煮青口贝

食材

半壳蓝青口	10 只
牛油	50 克
洋葱	20 克
干葱	20 克
鲜虾	50 克
蛤蜊	50 克
白葡萄酒	30 毫升
百里香	少许
香菜	20 克
圣女果	50 克
食用油	适量

制作

1-2. 将油烧热，把虾煎香，然后放进烤箱以120℃烤15分钟。

3-4. 将烤好的虾放进水里煮透，再用搅拌机打碎，过滤，去渣留汤。

5-11. 另起热锅倒入牛油，爆香洋葱、干葱，放入半壳蓝青口、蛤蜊、圣女果、百里香、白葡萄酒，煮3分钟。

然后倒入虾汤，再煮3分钟，以香菜装饰即可。

「 芝士菠菜焗青口贝 」

青口贝	300 克
菠菜	200 克
大蒜	30 克
淡奶油	30 毫升
白汁粉	30 克
净水	20 毫升
芝士	50 克
盐	适量
柠檬汁	10 毫升

制作

1. 菠菜洗净, 取叶, 先用开水烫熟, 再用冰水泡凉。

2. 将菠菜挤干水后切碎, 备用。

3. 将大蒜切碎, 起锅加油, 炒香蒜碎。

4. 再加入净水、白汁粉、淡奶油搅拌并烧开。

5. 然后加入芝士、菠菜碎搅拌, 入盐调味, 保温备用。

6. 将青口贝洗净沥干, 滴入少许柠檬汁, 淋上芝士菠菜酱, 放入烤箱, 以 200 ℃ 烤 5 分钟即可摆盘。

名厨系列

鱼慕斯鸡腿冻＋
蛤蜊与菌菇酱汁

I 馅料

食材

鱿鱼	60 克
虾仁	160 克
咖喱粉	适量
盐、胡椒碎	各适量
蛋黄	1 个
橄榄油	80 毫升

制作

1. 将蛋黄打散,边搅拌边加入橄榄油(防止蛋黄分离),搅拌至浓稠,做出蛋黄酱。

2. 将鱿鱼、虾仁放进料理机中,打成泥状(可加入适量的咖喱粉),加入做好的蛋黄酱(约 15 克),继续搅打,加入盐、胡椒碎调味。

II 鸡腿肉处理

食材

鸡腿肉	2 片
盐、胡椒碎	各适量
馅料	90 克

制作

1. 用厨房纸吸干鸡腿肉表面的水,将鸡肉切薄片,放在铺有保鲜膜的桌面上,皮朝下,放盐、胡椒碎调味。

2. 将 90 克馅料放在鸡腿肉片上,再将其卷起(似鸡肉卷)。

3. 用保鲜膜包紧,放入煮沸的水中煮 15 分钟。

4. 将煮好的鸡肉卷捞出,放室温冷却,除去保鲜膜。

5. 热锅,放入少许橄榄油,放入鸡肉卷煎至上色,取出,入烤箱,以200℃烘烤 10 分钟。

6. 将鸡肉卷取出,切块,待用。

Ⅲ 菌菇酱汁

杏鲍菇	适量	蛤蜊	20 个	白兰地	20 毫升
舞茸菇	适量	黄油	10 克	诺利帕特	30 毫升
蟹味菇	适量	橄榄油	适量	白葡萄酒	20 毫升
香菇	适量	盐、胡椒碎	各适量	小牛高汤	200 毫升

制作

1. 将各种菌菇类食材切块，备用。

2. 热锅，倒入橄榄油，将所有菌菇类放入锅中，翻炒至上色，撒少许盐、胡椒调味。

3-4. 加入蛤蜊，倒入白兰地、诺利帕特 、白葡萄酒，煮至蛤蜊开口，并捞出蛤蜊。

5. 将小牛高汤加入，煮至收汁，加入黄油搅拌均匀，再放入蛤蜊。

Ⅳ 装盘

其他食材

混合嫩叶　　　　适量

制作

将菌菇酱汁、蛤蜊、切成块的鸡肉卷装盘，摆放混合嫩叶装饰即可。

VI 主菜

肉类及禽类菜肴一般作为西餐的第四道菜，
也称为主菜。主菜在西餐中是重头戏，所用
原料多取自牛、羊、猪、鸡、鸭、鹅等各个
部位的肉，其中最具代表性的是牛肉或牛排。
其烹调方法常用烤、煎、扒等。

「 澳洲猪排配黑胡椒汁 」

食材

澳洲猪排	1 块
洋葱	30 克
青椒	10 克
红椒	10 克
黄椒	10 克
大蒜	2 瓣
黑胡椒粉	少许
白酒	少许
橄榄油	少许
盐	少许
黑胡椒汁	适量

Tips

1. 猪排选用澳洲的比较好，煎出的菜品口感鲜嫩。
2. 炒蔬菜的时候要用大火爆炒，否则蔬菜易出水，口感不好。
3. 煎猪排只是为了上色，还需要用烤箱烤制，才可以将猪排制熟。

制作

1-4. 猪排用盐、黑胡椒粉腌制 30 分钟以上；青椒、红椒、黄椒分别切成丝；洋葱切成长 5 厘米左右的丝；大蒜去皮，备用。锅烧热后，倒入橄榄油，油温不宜过高，炒香洋葱丝和大蒜，注意不要炒焦，随后放入切好的三色椒丝炒香。

5. 再放入少许盐，然后洒入少许白酒，将火调大提高油温后爆炒蔬菜，备用。

6-7. 另起锅，倒入橄榄油，将猪排煎至双面上色后，放入烤箱以 180℃烤 2 分钟。

8-9. 最后装盘，淋上黑胡椒汁，盘子下面垫上蔬菜即可。

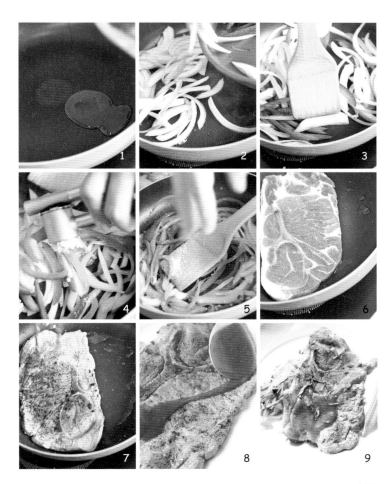

「 歌顿布猪扒 」

食材

猪扒	100 克
火腿	1 片
卡夫芝士片	1 片
面包糠	20 克
蛋液	30 克
面粉	10 克
塔塔汁	50 毫升

制作

1-5. 将猪扒片成两半,把火腿、卡夫芝士片夹在中间,封口。

6-9. 先裹一层面粉,再裹蛋液,最后裹上面包糠。

10. 放入油锅炸上颜色至熟,蘸塔塔汁食用即可。

焗烤猪五花肉与白萝卜

腌泡汁

食材		
猪五花肉	400 克
水	1 升
粗盐	100 克
月桂	适量
黑胡椒	适量
白萝卜	1/2 根
生米	适量

制作

1. 在锅中放入水和粗盐,煮沸,充分溶化粗盐,加入月桂和黑胡椒调味,离火。

2-3. 将猪五花肉放进上述盐水中,腌制片刻;再倒入适量的冷水(配方外冷水)煮沸,转小火炖煮 1 小时左右。

4-5. 将白萝卜去皮切成厚 1 厘米的片,用圈模压制出圆形,放入锅中,加入漫过白萝卜的水。

6. 加入生米,煮至沸腾,使白萝卜变软,用竹签插入进行判断。

7. 将煮好的萝卜降温,直接接水龙头的水入锅中,进行冷却。

8. 将煮好的猪五花肉捞出晾凉,包上保鲜膜入冰箱冷藏备用。

9. 将冷却好的萝卜捞出,放入冰箱冷藏备用。

Ⅱ 调味酱汁

食材

西红柿	1 个
红洋葱	20 克
日本柚子汁	15 毫升
柚子胡椒	3 克
葡萄籽油	20 毫升
盐、胡椒碎	各适量

制作

1. 将西红柿放到煮沸的水中过水约 5 秒钟捞出, 再放到冰水中, 使其容易去皮。

2. 将西红柿去除内心和籽, 切成小块放入碗中。

3. 加入切成末的红洋葱, 放少许盐调味, 放置 10 分钟。

4-5. 在上述碗中加入日本柚子汁、葡萄籽油、盐、胡椒碎, 搅拌均匀, 包上一层保鲜膜, 放入冰箱冷藏备用。

Ⅲ 酱汁

食材

黑葡萄醋	60 毫升
红酒	20 毫升
酱油	10 毫升
料酒	10 毫升

制作

将黑葡萄醋、酱油、料酒、红酒倒入锅中，煮至浓稠进行收汁。

Ⅳ 装盘

其他食材

混合嫩叶	适量
盐、胡椒碎	各适量
橄榄油	适量

制作

1. 将处理好冷藏的白萝卜、腌猪五花肉取出。五花肉去皮、切块，将表面撒盐、胡椒碎调味。

2. 在锅中放少许橄榄油，放入腌猪五花肉和白萝卜煎至上色。

3. 将煎好的猪五花肉、白萝卜放入烤箱，以200℃烤约5分钟。

4. 将白萝卜放入盘中，上面放猪五花肉，淋上酱汁和调味酱汁。

5. 将表面摆放混合嫩叶装饰即可。

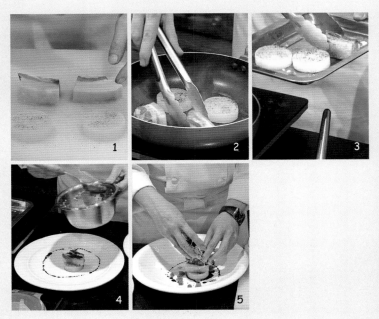

名厨系列

菲力猪排配红酒酱汁

猪里脊	1 块
胡萝卜泥	2 勺
黑芝麻	2.5 克
玉米油	125 毫升
盐、黑胡椒碎	各适量
特级初榨橄榄油	2.5 毫升
莱弗斯科红酒	87.5 毫升
幼砂糖	2.5 克
牛至叶	适量
三色堇花	适量

1. 在猪里脊表面撒上盐，淋上橄榄油，撒上黑胡椒碎，放入真空袋中密封。将密封袋放入57℃的温水中，放置75分钟（或者将烤箱调至57℃，将猪里脊真空密封，放进水内，放入烤箱），此步骤叫低温慢煮法。

2. 将猪里脊取出，用保鲜膜包裹起来，再将猪里脊滚成圆柱形。

3-4. 热锅，放入玉米油，加热至160–180℃，放入猪里脊（表层保鲜膜取下），炸至表面焦黄取出，放在厨房用纸上吸除表层油渍。

5. 将猪里脊表面粘上黑芝麻，切成两段。

6-7. 另起一口锅，倒入红酒，撒上幼砂糖，加热煮沸至酒精蒸发，熬至收汁（可加水淀粉收汁）。

8. 将盘内放上两勺胡萝卜泥，并用勺子带出尖端，再将猪里脊竖立放在盘内。

9. 将熬好的红酒酱汁淋在猪里脊表面（保持流向胡萝卜泥多的一面），再将牛至叶放在胡萝卜酱汁上，另一侧放上三色堇花作为点缀即可。

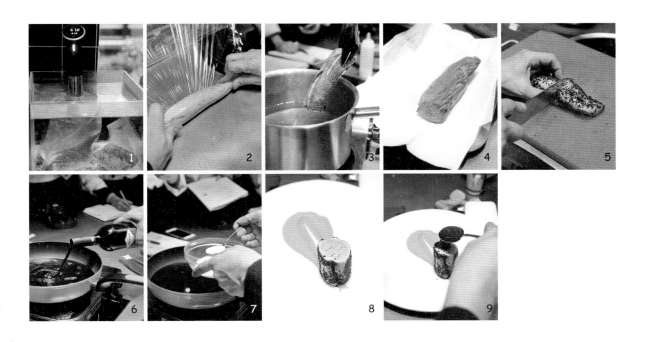

「 酱烤猪肋排 」

食材

猪肋排	350 克
洋葱	50 克
大蒜	30 克
百里香	3 克
烧烤酱	50 克
蜂蜜	30 克
盐	适量
黑胡椒	适量

制作

1. 猪肋排上撒盐、黑胡椒。

2. 洋葱、大蒜均切碎。

3. 将洋葱碎、大蒜碎、百里香、蜂蜜、烧烤酱拌匀。

4. 然后放入肋排，用酱汁抹匀肋排，腌制 2 小时。

5. 将腌好的肋排摆在烤盘上，放入烤箱以 180℃ 烤 30 分钟。

6. 在烤至 20 分钟时要翻一次面，最后取盘按图摆放即可。

莫特牛排配彩椒汁

牛排	180 克
彩椒	100 克
樱桃番茄	40 克
百里香	1 克
大蒜末	3 克
盐	适量
黑胡椒	1 克
黄油	10 克
橄榄油	20 毫升
芦笋	适量

制作

1. 将樱桃番茄撒盐、蒜末、百里香，淋上橄榄油，拌匀后放入烤箱，以150℃烤20分钟取出，保温备用。

2. 将彩椒放入烤箱，以200℃烤10分钟取出，撕掉外皮。

3. 把红彩椒肉加橄榄油搅拌成汁，黄彩椒同样处理。

4. 过滤彩椒汁，加热后入盐调味，将芦笋烫熟。

5. 牛排撒盐、黑胡椒、百里香碎腌制。

6. 起锅加黄油，先煎牛排的肥油，再煎至七分熟，按图装盘即可。

米兰烧牛仔腿

📋 食材

牛仔腿	1000 克	干葱碎	20 克	生粉	200 克
什香草	1 克	蒜蓉	10 克	胡椒粉	10 克
牛油	50 克	白兰地	5 毫升	盐	2 克
黑椒碎	20 克	烧汁	100 克	糖	50 克
洋葱碎	20 克	橄榄油	适量	百里香	2 克

👨‍🍳 制作

1-2. 先把牛仔腿肉厚的部位划一刀，然后用生粉、胡椒粉、盐、糖、百里香腌 2 小时。

3-4. 热锅化开牛油，加入什香草，慢火熬香，香草牛油盛起备用。

5-8. 牛油起锅，爆香洋葱碎、干葱碎、蒜蓉，再倒入黑椒碎、白兰地、烧汁，调味备用。

9-12. 另起锅，烧油至 220℃，放入牛仔腿炸至上色，然后调至 120℃油温浸炸至熟。

13-14. 最后将牛仔腿装盘，先淋香草牛油，再浇黑椒汁即可。

酥皮松露牛肉卷配松露汁

食材

牛柳	500 克
酥皮	300 克
洋葱	50 克
松露	50 克
秀珍菇	50 克
杏鲍菇	50 克
蛋黄液	70 克
松露红酒汁	100 毫升
盐	适量
黄油	1 克
黑胡椒碎	10 克

Tips

牛柳切成直径 5 厘米的大小时容易烤熟；0.3 厘米厚度的酥皮容易烤成脆皮；菌菇应炒得干一些，以防酥皮被浸湿烤不脆。

制作

1. 牛柳去皮，撒盐、黑胡椒碎，腌制 10 分钟。

2. 洋葱、菌菇均切小片，备用。

3. 起锅放入黄油，炒香洋葱，再倒入菌菇炒干炒香，用盐调味。

4. 另起锅放入黄油，将牛柳四面煎上色，备用。

5. 酥皮化冻后摊开，擀平。

6. 放入炒好的菌菇铺平，再放上牛柳包起来，两头压紧。

7. 取蛋黄液均匀地刷在酥皮表面。

8. 放入垫有油纸的烤盘，再放入烤箱以 190℃烤 20 分钟，出炉，取出按图摆盘，淋上松露红酒汁装饰即可。

「 香煎牛柳配红酒汁 」

牛柳　　　　　　200 克
百里香　　　　　10 克
樱桃番茄　　　　20 克
蟹味菇　　　　　20 克
秀珍菇　　　　　20 克
盐　　　　　　　适量
甜豆　　　　　　适量
黑胡椒　　　　　5 克
蒜片　　　　　　5 克
橄榄油　　　　　10 毫升
黄油　　　　　　10 克
紫薯泥　　　　　10 克
红酒汁　　　　　80 毫升

制作

1. 牛柳去筋,切成长 2 厘
   米的段。

2. 再撒上盐、黑胡椒、百
   里香,腌制 10 分钟。

3. 起锅放入黄油加热,煎
   牛柳。

4. 牛柳四面煎至金黄后,
   放入烤箱以 200℃烤 6
   分钟,取出静置备用。

5. 将紫薯泥加热,两种菌
   菇洗净切段,樱桃番茄
   去心。

6. 起锅倒入橄榄油加热,
   炒香蒜片,加入菌菇、
   甜豆炒熟,加盐调味,
   取盘按图摆放,淋红酒
   汁即可。

「 香料羊排 」

<table>
<tr><td>羊排</td><td>300 克</td></tr>
<tr><td>百里香</td><td>10 克</td></tr>
<tr><td>罗勒叶</td><td>2 克</td></tr>
<tr><td>盐</td><td>适量</td></tr>
<tr><td>黑胡椒碎</td><td>适量</td></tr>
<tr><td>荷兰芹</td><td>10 克</td></tr>
<tr><td>洋葱</td><td>30 克</td></tr>
<tr><td>大蒜</td><td>30 克</td></tr>
<tr><td>杏鲍菇</td><td>30 克</td></tr>
<tr><td>自制番茄酱</td><td>60 克</td></tr>
<tr><td>食用油</td><td>适量</td></tr>
</table>

食材

制作

1. 百里香、荷兰芹、洋葱、大蒜均切碎，罗勒叶切丝，备用。

2. 将羊排、杏鲍菇撒上盐、黑胡椒碎腌制。

3. 将切碎的洋葱、大蒜、荷兰芹、百里香撒在羊排上。

4. 起锅加油，把羊排的肥油煎出。

5. 再将香料、杏鲍菇、羊排一起放在烤盘上，入烤箱以 180℃烤 15 分钟取出。

6. 按图摆盘，将自制番茄酱加热，撒入罗勒叶，浇淋在上面即可。

名厨系列

香草粉裹仔羊里脊

I 羊排处理

食材

羊排	1 个
盐、胡椒	各适量
橄榄油	适量

制作

1. 用菜刀将羊排去除皮、关节，撒少许盐、胡椒进行调味。

2. 在锅中倒入少许橄榄油，放入羊排煎至表面上色；入烤箱以 200℃，烤约 15 分钟。

II 酱汁

食材

小羊骨	500 克	白葡萄酒	50 毫升
大蒜	1 瓣	鸡高汤	700 毫升
白洋葱	1/4 个	（没过食材的量）	
胡萝卜	1/4 根	小牛高汤	100 毫升
芹菜	1/2 棵	百里香	适量
红洋葱	1 个	黄油	适量
番茄	1/2 个	咖喱粉	适量
番茄膏	1 大勺		

制作

1. 将小羊骨用砍刀砍成块状，入烤箱 200℃，烘烤 30 分钟。

2. 将白洋葱、胡萝卜、芹菜、红洋葱均切块，大蒜压扁。

3. 在锅中放入少许橄榄油，将以上处理好的蔬菜进行大火炒制，其间将番茄切块，待炒至上色后加入番茄，再加入番茄膏进行炒制。加入白葡萄酒调味。

4-5. 加入烤好的小羊骨和鸡高汤、小牛高汤，煮沸后去除杂质，放入两三根百里香增加酱汁的风味（烤制小羊骨的油不使用）；将煮好的酱汁用滤网过滤，表面包一层保鲜膜，入冰箱冷藏备用。

6. 装盘时，取出酱汁煮沸，另起锅在锅中加入黄油煮焦，加入大蒜、咖喱粉，再加入煮沸的酱汁，煮至浓稠即可。

Ⅲ 欧芹泥

食材

欧芹	50 克
罐头醍鱼	3 条
橄榄油	50 毫升
水	50 毫升

制作

1. 取欧芹叶子，放入煮沸的水中约5秒后捞出，再放入冰块水中，使其颜色更加鲜绿。
2. 将煮好的欧芹叶放入量桶中（挤干净水），加入罐头醍鱼、橄榄油、水，用手持料理机打成泥状，放入冰箱冷藏备用。

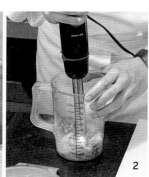

Ⅳ 奶油烤土豆

食材

土豆	1 个
大蒜	1 瓣
牛奶	25 毫升
奶油	75 毫升
格吕耶尔干酪	适量
盐、胡椒	各适量

制作

1. 将土豆切块，大蒜切末，两者同放入锅中，加入牛奶、奶油，再加入盐、胡椒调味，煮至浓稠。
2. 将煮好的混合物放入圈模中，加入格吕耶尔干酪。
3. 入烤箱200℃，烤约15分钟。

V 香草面包糠

欧芹   25 克
百里香   10 克
鼠尾草   5 片
迷迭香   10 克
橄榄油   15 毫升
面包糠   100 克
帕玛森芝士粉   100 克

制作

1. 取欧芹叶、百里香叶、鼠尾草叶、迷迭香叶放入料理机中打碎。

2. 加入面包糠、帕玛森芝士粉、橄榄油，搅拌均匀即可。

VI 装盘

其他食材

鸡蛋   1 个
小麦粉   适量
澄清黄油   适量

制作

1. 将鸡蛋打散。将羊排多余肉部分切下，用厨房纸吸去多余油脂，裹上小麦粉、鸡蛋液，再裹上香草面包糠。

2. 在锅中加入澄清黄油，将羊排放入锅中，煎制上色。

3. 将烤好的土豆放入盘中，摆放羊排和羊肉，再淋上欧芹泥和酱汁即可。

羊排配马提尼汁佐薄荷汁

🍳 制作

1. 将羊排骨头上的肉用小刀刮起来，肉质表面斜切出条纹。

2. 将羊排竖起来，沿着每根骨头往下切，分出羊排。

3. 将干马提尼、白葡萄酒、苹果醋、柠檬汁与适量的水掺兑，倒入盆内腌制羊排。

4. 加入分葱、薄荷叶、西芹碎、黑胡椒，拌匀，腌制 30 分钟。

5. 将腌制好的羊排放进真空袋中，再放上一勺腌制的汤汁，用真空机密封；放入水中以 57℃ 煮 1 小时（腌制羊排的汤汁保留）。

6. 取出羊排，将表面肥肉切除，薄荷叶切碎。

7. 热锅，加入黄油、洋葱、大蒜，待黄油化开，取出大蒜（只保留蒜香味即可）。

8. 将羊排放入，煎至上色后，倒入适量腌制的羊排汤汁、薄荷碎、干马提尼、盐。将锅稍稍倾斜，羊排在上，汤汁在下，熬制 1 分钟，至浓稠。

9. 将羊排对立竖在盘内，淋上薄荷汁，表面放上薄荷叶装饰，底部间隙处挤上意大利红酒醋。

10. 在羊排边缘淋上红酒酱汁，喷上盐水，淋上橄榄油，撒上黑胡椒。

11. 底部放上胡萝卜、三色堇花，点缀即可。

📋 食材

小羊排（8 根肋骨）	0.25 个	盐	2.5 克
新鲜薄荷叶	2.5 克	黑胡椒	0.5 克
干马提尼	25 毫升	分葱	适量
黄油	5 克	西芹碎	5 克
特级初榨橄榄油	10 毫升	意大利红酒醋	10 克
白葡萄酒	25 毫升	胡萝卜	适量
苹果醋	2.5 毫升	三色堇花	适量
柠檬汁	适量	洋葱、大蒜	各适量

「 红酒炖羊膝 」

制作

1-2. 所有蔬菜均切成小块。

3. 羊膝用盐、黑胡椒、迷迭香腌制 15 分钟。起锅加黄油烧热，放入羊膝及洋葱，将羊膝煎香。

4. 再放入西芹、胡萝卜块慢火炒香，然后放入番茄及番茄膏炒香。

5. 再加入红酒收干。

6. 最后加清水、盐、黑胡椒、迷迭香小火炖 3 小时。过滤汤汁后浓缩成迷迭香汁。

7. 取出羊膝，按图片装盘，淋迷迭香汁，装饰即可。

食材

羊膝	200 克
迷迭香	10 克
番茄	50 克
西芹	50 克
盐	适量
黑胡椒	适量
黄油	20 克
洋葱	50 克
胡萝卜	50 克
红酒	200 毫升
番茄膏	20 克
清水	800 毫升

「 咖喱鸡 」

鸡件	150 克	椰浆	20 克	盐	少许
洋葱	20 克	椰丝	少许	鸡汤	适量
彩椒	30 克	咖喱粉	15 克	食用油	适量
土豆	50 克	生粉	10 克		
咖喱酱	30 克	胡椒粉	少许		

制作

1-5. 鸡件用咖喱粉、生粉、胡椒粉、盐腌20 分钟，热锅入油后煎至上色。

6-7. 洋葱、彩椒、土豆均切块。土豆放在热油中炸熟。

8-10. 另起油锅爆香洋葱、咖喱酱。

11. 然后将煎好的鸡件和炸好的土豆入锅搅拌均匀。

12. 再放一些鸡汤烩至入味，加椰浆调味，装盘，表面撒椰丝即可。

「 松露鸡腿卷 」

📋 食材

去骨鸡腿	150 克
蘑菇	50 克
松露	50 克
大蒜	20 克
洋葱末	10 克
毛豆	20 克
鸡汤	70 毫升
马苏里拉芝士	20 克
盐	适量
百里香	1 克
黄油	20 克
橄榄油	10 毫升
淡奶油	10 毫升

🍳 制作

1. 鸡腿开花刀，撒入盐腌制 15 分钟。

2. 蘑菇、松露均切片。起锅放入洋葱末，加橄榄油、一半蘑菇与一半松露炒香。

3. 将鸡腿摊开，放入剩下的蘑菇、松露，撒上芝士后卷起来。

4. 用细绳将鸡腿扎起来，撒上百里香。

5. 锅内加黄油，将鸡腿卷小火慢煎上色后，再入烤箱以 180℃烤 8 分钟。

6. 取出后解开绳，切圆片。

7. 用橄榄油炒熟蒜片和毛豆，入盐调味备用。

8. 炒好的蘑菇、松露加鸡汤、淡奶油烧开调味，用搅拌机打成酱汁。最后按图摆盘即可。

香橙烟熏鸭胸

🍴 食材

烟熏鸭胸	1 块	圣女果	2 颗
新奇士橙	1/2 个	浓缩橙汁	10 毫升
红叶生菜	30 克	烧汁	100 克
细菊生菜	30 克	牛油	适量
玉米笋	2 条		

👨‍🍳 制作

1. 烟熏鸭胸解冻，并将表皮切开，呈井字花形状。

2-3. 橙子去皮切成 6 片，取一片橙肉切粒，橙皮切丝。

4-6. 锅内放入牛油炒橙肉，加入烧汁，然后加入浓缩橙汁调匀，备用。

7-8. 另起锅入油，将烟熏鸭胸底面用中火煎至金黄色。

9. 将煎好的鸭胸切成 6 片。

10. 按图摆好，淋上煮好的香橙酱汁，撒上橙皮丝和其他食材装饰即可。

烧鹌鹑塞鹅肝

食材

鹌鹑	2 只
鹅肝	30 克
松露	4 片
小麦粉	适量
盐、胡椒	各适量
橄榄油	适量

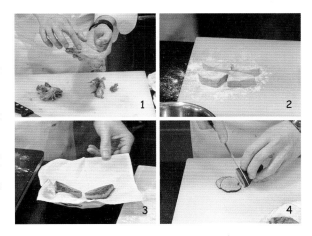

制作

1. 将鹌鹑的翅膀、腿部、头部去除，用手将整个骨头去除。留完整的鹌鹑皮备用。

2. 将鹅肝切块，撒少许盐、胡椒调味，表面裹小麦粉。

3. 在锅中加入少量橄榄油，放入鹅肝，煎至上色，取出用厨房用纸吸油，表面盖一层保鲜膜，入冰箱冷藏备用。

4. 松露切片备用。

食材

茄子	1 个
南瓜	2 片
青椒	2 个
芦笋	4 根
大葱	2 根
盐、胡椒	各适量
橄榄油	少许

制作

1. 将茄子、南瓜、青椒均切片，芦笋、大葱均切段。

2. 在锅中放少许橄榄油，再放入蔬菜，加盐、胡椒调味，将蔬菜煎至上色即可。

II 黄油米饭

食材

米（洗过的米）	83 克
黄油	15 克
白洋葱	1/2 个
鸡高汤（煮沸）	100 毫升
盐	适量

准备

将鸡高汤煮沸，加入盐进行调味。

制作

1. 将白洋葱切末。热锅，放入黄油，加入白洋葱末炒香，再放入米炒至米呈透明状。

2. 倒入煮沸的鸡高汤，盖上锅盖，入烤箱以200℃烤15分钟(可根据个人喜好加入盐和胡椒调味)。

3. 将烤好的米取出，倒入托盘中，常温冷却备用。

III 酱汁

食材

红洋葱	1 个
红酒	20 毫升
马德拉白葡萄酒	20 毫升
波特葡萄酒	10 毫升
白兰地	10 毫升
小牛高汤	50 毫升
橄榄油	适量
松露末	适量
松露油	适量
盐、胡椒	各适量
黄油	30 克

制作

1. 将红洋葱切片，热锅，放少许橄榄油，放入红洋葱翻炒出香味。

2. 加入红酒、马德拉白葡萄酒、波特葡萄酒、白兰地，进行收汁；加入小牛高汤继续煮至浓稠，将煮好的酱汁用滤网过滤，将过滤的酱汁表面盖一层保鲜膜，入冰箱冷藏备用。

3. 装盘时，将酱汁取出煮沸，加入黄油、盐、胡椒调味，再加入松露末，放少许松露油即可。

Ⅳ 组装

其他食材

黄油　　　　　　适量
盐、胡椒　　　　各适量

制作

1. 将黄油米饭塞进鹌鹑中，再塞入煎好的鹅肝和松露，空隙部分用黄油米饭填满。

2. 将鹌鹑包起（鹌鹑胸部朝上），用棉线将其固定（接口朝下）。

3. 在锅中放少许黄油，在鹌鹑表面撒少许盐、胡椒调味，黄油出现泡沫后，将鹌鹑放入锅中进行煎制，先煎鹌鹑胸部，煎至上色后翻面，将黄油沫浇在鹌鹑表面煎至上色。

4. 将煎好的鹌鹑放在厨房用纸上，进行吸油，同时将棉线去除。

Ⅴ 装盘

制作

将蔬菜摆放在盘中，放上煎好的鹌鹑，淋上酱汁即可。

名厨系列

烤法国产鸽胸肉
和大腿肉

I 煨菊苣

食材

菊苣	2 棵
鸡高汤	没过食材的量
黄油	适量
细砂糖	适量

制作

1. 将菊苣根去除，放入锅中，加入鸡高汤、黄油煮沸。

2. 用烤盘纸叠一个纸盖，将其盖住，转小火煮至浓稠。

3. 将煮好的菊苣取出，用厨房用纸吸干水。

4. 另起锅放入黄油和细砂糖，熬成焦糖，放入菊苣煎至表面上色。

II 鸽子处理

食材

法国产小鸽子（带内脏）	2 只
橄榄油	适量

制作

1. 将鸽子的身体、翅膀、腿部分离，备用。将骨头取出，备用。（如果不是新鲜的鸽子，需将内脏去除干净。）

2. 热锅，倒入橄榄油，将鸽子的一只翅膀、腿部、身体部分放入锅中煎至上色。取出，放入烤箱中以 200℃ 烤约 2 分钟（用银针插入内部，判断是否烤熟）。

Ⅲ 酱汁

食材

鸽子骨头	2 副
红洋葱	1 个
白兰地	40 毫升
红葡萄酒	80 毫升
鸡高汤	200 毫升
榛子泥	适量
黄油	适量
鸽子血	适量
橄榄油	适量

制作

1. 将鸽子骨头、剩下的一只翅膀均切碎放入碗中，加一点水，用肉锤将其敲碎。

2. 用锥形网进行过滤，留鸽子血，放冰箱冷藏备用。

3. 热锅，放入少许橄榄油，将鸽子骨头煎至上色，入烤箱200℃，烘烤20分钟。

4. 将红洋葱切片，在锅中放少许橄榄油，放入红洋葱片进行炒制，炒出香味。

5-6. 加入烤好的鸽子骨头，倒入白兰地、红葡萄酒翻炒，再加入鸡高汤增加香味，用勺子撇去表面杂质，转中火继续煮至浓稠；将煮好的酱汁用滤网过滤，表面盖一层保鲜膜，入冰箱冷藏备用。

7. 装盘时，将酱汁取出，加入榛子泥、黄油煮沸，关火后加入鸽子血，搅拌均匀即可。

Ⅳ 装饰用料处理

食材

去皮葡萄	12 粒
黄油	适量
盐	适量

制作

在锅中放入黄油,加入葡萄,撒少许盐调味,煎至上色即可。

Ⅴ 装盘

制作

将烤好的鸽子、煎好的菊苣摆在盘内,淋上酱汁,装饰煎好的葡萄即可。

名厨系列

敞口意式馄饨
配芦笋佐鸽子肉

I 鸽子处理

制作

1. 将鸽子脖子切断，用剪刀将鸽子身体剪开，洗净。
2. 将鸽子沿着脊椎两侧切开，用手摸肉质有筋的地方，切断；脊椎骨切为两半，分解腿与翅膀。

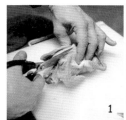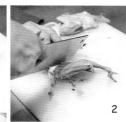

II 鸽子肉酱

食材

鸽子	（550克左右）1只
特级初榨橄榄油	5毫升
迷迭香	1枝
鼠尾草	2棵
大蒜瓣	1个
西芹丁	5克
分葱	10克
洋葱	10克
盐	2克
胡椒	1克
干邑白兰地	30毫升
白葡萄酒	30毫升
番茄酱	1.25克
黄油	适量

制作

1. 将黄油、大蒜瓣、鼠尾草、迷迭香、洋葱、分葱放入锅内，开火后融化黄油，再倒入橄榄油，放入鸽子肉翻炒均匀，焖至鸽子肉上色。
2. 将锅内加入白兰地，翻炒均匀将酒精挥发，倒入白葡萄酒，翻炒均匀待酒精挥发，再加入水焖煮30分钟左右。
3. 将鸽子捞出放凉，将鸽子肉剥下来，放入盘中待用。
4-5. 将锅内的鸽子汤用均质机打碎，过滤出汤汁。
6-8. 热锅，加入黄油、分葱碎，炒至分葱变色，加入橄榄油、鸽子肉翻炒均匀，加入鸽子汤及一点水，加入番茄酱煮沸，撒上盐和胡椒，熬制5~10分钟。

Ⅲ 芦笋酱汁

食材

芦笋	50 克
橄榄油	5 毫升
分葱	10 克
盐	2 克
现磨黑胡椒	1 克
无盐黄油	4 克
水淀粉	少许

制作

1. 将芦笋洗净，在头部切出 10 厘米左右作装饰备用，将剩余部分切成 3~4 厘米的小段待用。

2. 将分葱切成小段放进锅内，加入橄榄油、黄油，开火融化黄油，加入芦笋小段翻炒均匀，而后加入一勺鸽子汤翻炒均匀，最后加入水煮熟芦笋。

3-4. 将芦笋放入料理机内，打成酱汁，再将酱汁过滤到锅内，继续加热，加入水淀粉搅拌至浓稠，加盐、黑胡椒拌匀。

Ⅳ 装饰芦笋

食材

芦笋头段	适量
黄油	适量

制作

将真空袋内涂抹一层黄油，将芦笋头段放入真空密封，再放入水内以 57℃ 低温慢煮 20 分钟。

Ⅴ 意面

食材

意面面团	100 克

（做法参照本书主食部分"私房美味意面配大虾球佐香橙皮"）

制作

将意面面团，用压面机压成薄片，用花纹圆圈模压出圆片，表面撒上面粉待用。也可将意面压薄，表面放一片意大利芹叶，将面皮对折盖住芹叶，放压面机压平再压出形状待用。

VI 装盘

其他食材
盐、三色堇花　　　各适量
橄榄油　　　　　　适量

制作

1. 锅内放水烧开，放入盐，将意面放入煮50秒左右捞出，擦干水。

2-3. 将盘内放两勺芦笋酱汁，手从盘底震平酱汁，放上一片意面，在意面上放一勺鸽子肉酱，再盖一片意面。

4. 在意面边缘摆放装饰芦笋，旁边放上一勺鸽子肉酱，盘内淋上橄榄油，放上三色堇花作为点缀。

名厨系列

鳗鱼鹅肝温沙拉

I 海鳗处理

食材

海鳗（已剥开）	1 条（约 500 克）
盐	适量
日本清酒	少许

制作

1. 将海鳗处理干净，鱼鳍部分去除，并在表面撒盐，抹均匀。

2-3. 将沸腾的水浇在海鳗表面，再用冷水清洗，用刀将表面杂质去除，切块。

4. 将鳗鱼表面洒上日本清酒去腥，放入蒸笼蒸 15 分钟。

5. 取出冷却，放冰箱冷藏备用。

食材

米	100 克
柠檬汁	少许
葡萄酒醋	少许
橄榄油	少许
盐、胡椒	各适量

制作

1. 在锅中倒入水，撒盐，放入米，煮 15 分钟。
2. 将煮好的米放入冷水中冷却，用网筛过滤。
3. 在过滤好的米中加入葡萄酒醋、橄榄油、柠檬汁，搅拌均匀，撒少许盐、胡椒进行调味，待用。

 芒果酱汁

食材

芒果酱	35 克
黄芥末	8 克
核桃油	10 毫升
橄榄油	少许
苹果酒醋	少许
盐、胡椒	各适量

制作

1. 将芒果酱放入碗中，加入黄芥末、苹果酒醋，稍微加热后用打蛋器搅拌均匀。
2. 加入核桃油、橄榄油用打蛋器搅拌均匀，加入盐、胡椒调味，放冰箱冷藏备用。

Ⅳ 波特酒酱汁

食材

波特酒	100 毫升
红酒	70 毫升
雪莉酒醋	35 毫升
小牛高汤	100 毫升
黄油	10 克
松露油	适量
盐、胡椒	各适量

制作

1. 在锅中倒入波特酒、红酒、雪莉酒醋煮至浓稠。

2. 加入小牛高汤,煮至收汁;加入适量盐、胡椒调味,再加入黄油、松露油搅拌均匀即可。

Ⅴ 装盘

其他食材

鹅肝	35 克
橄榄油	适量
豆苗	适量
花椒叶	适量
小麦粉	适量

制作

1. 将海鳗切块,鹅肝切块,撒上盐。

2. 热锅,倒入少量橄榄油,将海鳗皮朝下煎至上色。

3-4. 在鹅肝表面撒少量小麦粉,在锅中倒入少量橄榄油,煎至上色,取出用厨房用纸吸油。

5-6. 将圈模放在盘中,将米饭沙拉装进圈模中定型后取下圈模,在盘内周围淋上芒果酱汁,将海鳗和鹅肝摆放在米饭沙拉上,淋上波特酒酱汁,摆放豆苗和花椒叶装饰即可。

名厨系列

烤派皮包龙虾
修隆酱汁

▌螯龙虾处理

食材

螯龙虾　　2 只

制作

1. 在锅中放入水，加入螯龙虾进行煮制，水开后约 1 分钟将龙虾取出，再放入冰水中，冷却。

2-3. 将煮好的螯龙虾剥壳，用厨房用纸吸水后切小块，备用。

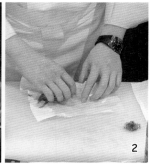

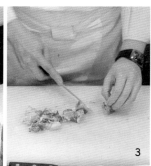

三文鱼	100 克	白兰地	适量
虾仁	30 克	辣椒粉	适量
盐、胡椒	各适量	毛豆	适量
蛋白	20 克	橄榄油	适量
淡奶油	80 毫升	牛肝菌	适量
黄油	40 克		

制作

1. 将毛豆放入水中煮熟,剥皮取豆子备用。将牛肝菌切块。热锅,放入少许橄榄油,放入牛肝菌块,大火进行炒制,然后加入盐、胡椒调味,备用。

2. 将三文鱼切块,与虾仁一起放进料理机中,进行搅打,加入盐、胡椒调味。

3. 加入蛋白,继续搅打,边搅打边加入淡奶油,再加入白兰地、辣椒粉、黄油(最好是软化的黄油),打成泥状。

4. 加入准备好的毛豆和牛肝菌(用厨房用纸吸干油脂)搅拌均匀,表面盖一层保鲜膜,放冰箱冷藏。

III 酱汁

红洋葱	15 克	黄油(融化)	200 克
龙蒿	适量	番茄膏	40 克
白葡萄酒	80 毫升	盐、胡椒、食醋	各适量
白胡椒	适量	龙蒿碎	适量
蛋黄	2 个		

制作

1-2. 醋腌龙蒿:红洋葱切末,将龙蒿、红洋葱末放入锅中,加入白葡萄酒、白胡椒、食醋煮沸离火,进行腌制。

3. 在蛋黄中加入醋腌龙蒿,用打蛋器搅拌,隔水加热搅拌打发,打至蛋黄微白,加入盐、胡椒调味。

4-5. 加入番茄膏、化开的黄油搅拌均匀(可加入黑胡椒和盐调味),用锥形网筛进行过滤,加入龙蒿碎即可。

Ⅳ 组装

📋 其他食材

可丽饼	2 片
派皮	8 片
蛋液	适量

👨‍🍳 制作

1-2. 取适量的螯龙虾肉和内馅(约 40 克)搅拌拌匀;将可丽饼放在铺有保鲜膜的桌面上,包入馅料,放冰箱冷藏。

3-4. 将派皮进行裁切,上面刷上蛋液,将包好的可丽饼馅料放在中间,再盖一层派皮包紧,用圈模将其裁切整形。

5. 用刀在派皮表面划出花纹,表面刷蛋液,入烤箱以 200℃烘烤 30 分钟。

Ⅴ 装盘

📋 其他食材

混合嫩叶	适量

👨‍🍳 制作

将烤好的派对半切开摆放在盘内,边缘淋上酱汁,摆放混合嫩叶即可。

名厨系列

奶油焗龙虾

I 龙虾处理

📋 食材

龙虾（500 克左右）	1 个
白芝麻、黑芝麻	各 10 克
特级初榨橄榄油	5 毫升
盐	1 克
现磨黑胡椒碎	1 克
白酱	适量

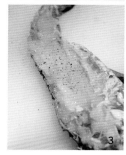

👨‍🍳 制作

1. 将龙虾翻面朝上，对半切开，挖出龙虾卵，抽出虾线。

2. 将处理好的龙虾肉表面淋上橄榄油，用刷子刷均匀，再用勺子将肉与壳分离。

3. 将龙虾肉表面撒上黑胡椒碎、盐、橄榄油，腌制。

4. 在龙虾肉的表面淋上一层白酱，再撒上黑芝麻与白芝麻，最后淋上橄榄油，进烤箱，以 170℃烤 20 分钟。

II 白酱

📋 食材

黄油	12.5 克
牛奶	125 毫升
面粉	12.5 克
盐	1.5 克
龙虾卵	适量

👨‍🍳 制作

1. 热锅，加入黄油化开，加入面粉拌匀，慢慢加入牛奶（加入过程中用手动搅拌球搅拌）。

2. 用均质机将白酱内的颗粒打散，继续搅拌加热。

3. 将龙虾卵加入锅内，用均质机打散，加入盐煮至沸腾，改小火，煮 2~3 分钟（煮制过程中不停搅拌酱汁）。

Ⅲ 节瓜蓝

食材

绿节瓜	125 克
特级初榨橄榄油	10 毫升
面包屑	5 克
盐	1 克

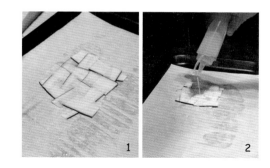

制作

1. 将绿节瓜洗净，用切片器切出薄片与丝。烤盘内放上油纸，油纸表面刷上一层橄榄油，将节瓜片放在油纸上，将节瓜片摆放成编织篮状。

2. 表面撒上面包糠或面包屑、盐、橄榄油，放入烤箱中，以185℃烤5分钟，烤至上色即可。

Ⅳ 柠檬酱汁

食材

柠檬	1 个
白葡萄酒醋	5 毫升
水	250 毫升
糖	2.5 克
盐	2.5 克
淀粉汁	5 克
藏红花粉	少许

制作

1. 热锅，加入水、盐、糖、柠檬以及淀粉汁、白葡萄酒醋，煮5~10分钟。

2. 将柠檬酱汁过滤后，继续煮沸，随后加入淀粉汁搅拌均匀（边加边搅拌），随后加入藏红花粉，搅拌均匀。

Ⅴ 装盘

📋 其他食材

三色菫花　　　　适量
橄榄油　　　　　适量

👨‍🍳 制作

1-2. 热锅，加水、盐煮沸，将节瓜丝放入锅中搅匀，20 秒左右取出，放冰水中待用。在盘内放一勺柠檬酱汁，用镊子或者筷子夹起节瓜丝放在圆汤勺内旋转成型，放入盘内的柠檬酱汁上，再放一勺柠檬酱汁在节瓜丝上。

3-4. 将节瓜蓝面包屑一面朝下放盘内，表面放上龙虾，摘下龙虾须竖在盘内，最后在盘内放上三色菫花，龙虾表面淋上橄榄油即成。

VII | 沙拉

蔬菜类菜肴在西餐中称为沙拉，一般是用各种凉透了的熟料或是可以直接食用的生料加工成较小的形状后，再加入调味品或浇上各种冷沙司或冷调味汁拌制而成的。沙拉大都具有色泽鲜艳、外形美观、鲜嫩爽口、解腻开胃的特点。

「 蛋黄酱生菜番茄沙拉 」

📄 食材

蛋黄酱	1大勺
生菜	2片
小番茄	3个
杏仁片	少许
黑橄榄	3个

🏷 Tips

1.蛋黄酱的做法：将蛋
黄、蛋白分离,蛋白不用。
在蛋黄中加入白糖、盐、
少量白胡椒粉和白酒。
将蛋黄打散后，加入白
醋或柠檬汁继续搅打，
缓慢加入植物油，一滴
一滴地加入后，继续打
匀，让油与蛋液融合后
再加入油，再搅打。注
意油不能一次加入太多，
否则会分液。一直搅打
至油全部被吸收、蛋黄
酱呈半凝固状态即可。
2.这道沙拉口感比较清
淡，制作方法简单，容
易操作。

🍳 制作

----

1. 先把所有材料准备好，蛋黄酱可以买现成的，也可以
   自己制作。

2-4. 再依次把黑橄榄切成小圈，生菜切丝，小番茄切成小
   块，备用。

5-6. 然后把切好的番茄和蔬菜放入容器中，倒入一大勺准
   备好的蛋黄酱。

7. 最后把蛋黄酱和蔬菜混合搅拌均匀，用杏仁片做好装
   饰即可。

「番茄洋蔥沙拉」

📄 食材

大番茄	1 个
樱桃番茄	5 个
洋葱	20 克
糖	少许
西芹叶	少许
黑醋	少许
橄榄油	少许
盐	少许

🏷️ Tips

番茄和洋葱的搭配永远
是最经典的，酸酸的味
道可以刺激味蕾，增强
食欲。

👨‍🍳 制作

----

1. 先把番茄洗净，洋葱切成丝。准备好糖和黑醋，备用。

2-3. 再把大番茄切成片状，樱桃番茄切成两瓣，备用。

4-7. 然后把切好的洋葱丝与番茄混合搅拌在一起，依次放
入糖、黑醋、盐、橄榄油拌匀。

8-10. 加入切好的西芹叶，最后把橄榄油和黑醋按 1:2 的比
例倒入杯中（如果想要酸一些的话，可多放些黑醋），
做好装饰即可。

蔬菜之趣

🍳 制作

1. 将小番茄的表皮去除: 在煮沸的水中放入小番茄约 10 秒捞出, 再放入冰水中, 能更好地去除小番茄的皮。

2. 将小番茄根蒂去除, 放烤盘中撒盐和胡椒调味, 顶部放大蒜碎及百里香, 洒少许橄榄油。

3. 放入烤箱, 以 100℃烘烤 1 小时。

4. 将迷你胡萝卜一分为四, 在锅内放少许黄油, 待黄油化开后放入胡萝卜煎熟, 用厨房用纸吸除油脂。

5. 将胡萝卜放进锅中, 加入橙子汁、八角, 放入盐和胡椒进行调味, 小火煮沸至入味。

6-8. 用火枪将红彩椒、黄彩椒表面烤焦, 放入冰水中去皮, 去除籽切块, 放入盆中。

9. 在彩椒盆中加入雪莉酒醋、橄榄油, 搅拌均匀, 用盐、胡椒调味, 包上保鲜膜, 入冰箱冷藏。

10. 将花椰菜、小玉米、球子甘蓝、小芜菁、红芜菁、西蓝花、芦笋 (剥皮)、豌豆、四季豆进行切块处理。

11. 红心萝卜切薄片, 一分为二, 撒盐调味。

12. 将西葫芦、茄子、南瓜切薄片; 处理蔬菜的同时将小洋葱、芋芳放入烤盘, 入烤箱 以 200℃烤约 20 分钟。

13. 锅中放入橄榄油, 放入南瓜片和茄子片中火煎至上色, 撒盐、胡椒调味, 取出待用。

14-15. 在锅中倒入水煮沸、撒少许盐, 将蔬菜过水, 再捞出放进冰水中冷却, 最后用厨房用纸将表面水吸干, 在蔬菜表面撒少许盐放冰箱冷藏待用。

▌蔬菜处理

📋 食材

小番茄	4 个	四季豆	4 根
迷你胡萝卜	2 根	红心萝卜	2 片 (片状)
橙子汁	适量	茄子	4 片 (横切 8 毫米厚)
红彩椒	1/4 个	西葫芦	2 片 (切片 2 毫米厚)
黄彩椒	1/4 个	南瓜	4 片 (切片 5 毫米厚)
花椰菜	4 棵	小洋葱	2 个
小玉米	2 根	芋芳	1 个
球子甘蓝	2 个	雪莉酒醋	适量
小芜菁	1/2 个	盐、胡椒	各适量
红芜菁	1/2 个	大蒜	1/2 瓣
西蓝花	4 棵	百里香	适量
芦笋	4 根	黄油、八角	各适量
豌豆	2 根	橄榄油	适量

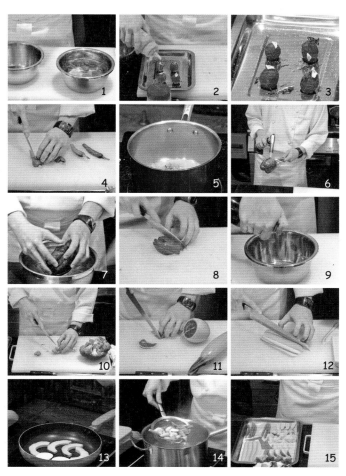

II 芥末油醋汁

食材

第戎芥末酱（黄芥末酱）10 克
核桃油　　　　　　　　适量
蜂蜜　　　　　　　　　适量
苹果醋　　　　　　　　适量
盐、胡椒　　　　　　各适量

制作

1. 在第戎芥末酱中加入盐和胡椒、蜂蜜，进行调味。
2. 再加入苹果醋和核桃油搅拌均匀即可，包上保鲜膜入冰箱冷藏。

III 罗勒酱

食材

罗勒叶　　　　35 克
橄榄油　　　　100 毫升
罐头醒鱼　　　半条

制作

1. 将罗勒叶放进沸水中约 5 秒（过水的罗勒叶颜色更加鲜绿），取出，再放进冰水中进行冷却，滤干水。
2. 将罗勒叶、醒鱼、橄榄油倒入量桶中，用手持料理机打成泥状，取出包上保鲜膜入冰箱冷藏。

IV 咖喱油

食材

咖喱粉　　　　1 勺
葡萄籽油　　　10 毫升

制作

1. 将咖喱粉放入锅中，倒入葡萄籽油，进行加热。
2. 静置一会儿，使咖喱和油分层。用滤网将咖喱粉过滤，留汁即可。

V 火葱油醋汁

食材

火葱头	半个
雪利醋	30 毫升
橄榄油	15 毫升
盐、胡椒	各适量

制作

1. 将火葱头切末,加入雪利醋拌匀,常温放置10分钟。
2. 加入盐、胡椒和橄榄油搅拌均匀, 包上保鲜膜入冰箱冷藏。

VI 装盘

制作

1. 将处理好的蔬菜依次进行摆盘(可根据颜色、构图进行创意搭配)。
2. 将火葱油醋汁、芥末油醋汁淋在蔬菜的表面, 使蔬菜被酱汁全部覆盖。将罗勒酱、咖喱油局部淋在各蔬菜表面。
3. 再将各种酱汁淋在盘子边缘作为装饰,边缘放可食用花装饰即可。

「 华道夫沙拉 」

食材

蛋黄酱	2 大勺
苹果	1/2 个
小番茄	3 个
核桃仁	20 克
橙子	1 个
生菜	3 片
白糖	少许
黄芥末	少许

制作

1. 先把材料准备好，小番茄从中间一切为二，苹果削皮后放入盐水中（防止氧化），备用。

2. 热锅，加热核桃仁，但是不要煎焦，可放入白糖让核桃仁表面裹上糖水，备用。

3. 橙子去皮取果肉，一部分留作摆盘使用，剩余的果肉挤压成果汁，备用。

4-6. 然后把准备好的果蔬、核桃仁和生菜放在盘中，加入蛋黄酱，搅拌均匀。

7-8. 最后，在备用的橙汁中加入黄芥末调汁。

Tips

1. 煎核桃仁的时候，不宜煎得过久，否则会有焦味。

2. 苹果去皮后最好放入盐水中，否则会发黑，影响装盘效果。

3. 这道菜的口感为甜中带有苹果酸，蛋黄酱不宜放太多。

茴香液体沙拉佐芝麻菜

📋 食材

茴香根	100 克
芝麻菜	20 克
橙子	62.5 克
山羊奶酪	50 克
特级初榨橄榄油	18.75 毫升
红洋葱	62.5 克
盐	适量
黑胡椒	适量
柠檬汁	37.5 毫升
白醋	7.5 毫升
糖	30 克
白葡萄酒	适量
柑曼怡（白兰地）	适量
冰	适量
柠檬皮屑	适量

👨‍🍳 制作

茴香液体沙拉佐芝麻菜

1-2. 取 1/3 的茴香根切薄片，放冰水中，剩余的茴香根切成大块状放入盆中洗净。芝麻菜洗净，备用。

3-4. 在锅内放入水、盐、柠檬汁烧开，将茴香根与芝麻菜放入锅内 30 秒 ~40 秒捞出。再用冷水过滤下，最后放入冰水中备用。

5-6. 将茴香根与芝麻菜过滤取出，放入料理机内，加入食用冷水，搅拌至浓稠度均匀，倒入锥形网筛，过滤出沙拉汁，在沙拉汁内加入适量的盐、橄榄油、柠檬汁，拌匀。

焦糖洋葱

7. 将红洋葱切条，放入锅内，加入糖、白葡萄酒、白醋、柑曼怡，加热煮沸，至酱汁呈浓稠状。

山羊奶酪

8. 将山羊奶酪放在盆中，加入特级初榨橄榄油、柠檬皮屑、盐、黑胡椒碎，搅拌均匀，放入冰箱冷冻 5 分钟 ~10 分钟。

9. 将山羊奶酪取出，用勺子挖两勺在手掌心搓成球（戴一次性手套）。

装盘

10. 将做好的沙拉汁倒入盘内，放上切好的茴香根与芝麻菜，再放上搓圆的山羊奶酪。

11. 将焦糖洋葱装两勺放在山羊奶酪上，在盘内四周摆放切好的橙肉。最后，撒上黑胡椒碎、特级初榨橄榄油和柠檬皮屑。

「 水果沙拉 」

食材

菠萝	40 克
牛油果	40 克
苹果	40 克
哈密瓜	40 克
芒果	40 克
柠檬汁	适量
盐	适量
蛋黄酱	30 克
荷兰芹	1 克

制作

1. 苹果去皮, 去核, 切 2 厘米见方的块。

2. 芒果去皮, 去核, 切 2 厘米见方的块。

3. 牛油果去皮, 去核, 切 0.5 厘米厚的片。

4. 菠萝去皮, 去心, 切 2 厘米见方的块。

5. 哈密瓜去皮, 去籽, 切 2 厘米见方的块。

6. 荷兰芹切末。

7. 蛋黄酱加盐、柠檬汁、荷兰芹末搅拌均匀成酱汁。

8. 取盘将水果堆放在一起, 淋上蛋黄酱汁即可。

西蓝花洋葱沙拉

西蓝花　　1/2 个
洋葱　　　20 克
紫甘蓝　　20 克
大蒜　　　1 瓣
糖　　　　5 克
红酒醋　　少许
橄榄油、盐　各少许

制作

1. 将西蓝花洗净，切成小块，煮熟后放入冰水冰镇 2 分钟左右。依次把洋葱切丝，紫甘蓝切丝，大蒜切成碎末。

2. 把煮熟的西蓝花和洋葱丝混合在一起，再倒入红酒醋，拌匀。

3-4. 把准备好的紫甘蓝倒入盆中，再加入少许盐、糖。

5-6. 再放入大蒜末，加入少许橄榄油，搅拌后按图摆盘即可。

Tips

1. 煮西蓝花时，可以放入盐和橄榄油，煮制时间不要超过 2 分钟。
2. 红酒醋也可以用白酒醋来代替，如果怕酸，可以少放些。

意式风味蔬菜沙拉

西生菜	25 克
红叶生菜	10 克
狗芽生菜	10 克
绿橡	10 克
红珊瑚	10 克
直立生菜	10 克
番茄角	25 克
车厘茄	10 克
红椒	10 克
青椒	10 克
洋葱	10 克
黑水榄	5 克
酿水榄	5 克
青瓜	5 克
西芹	5 克
鸡心豆	10 克
红腰豆	10 克
橄榄油	10 克
意式风味汁	100 毫升

意式风味汁材料

文尼汁	100 克
白糖	5 克
牛奶	50 毫升
黑醋	50 毫升
焙煎芝麻沙拉汁	50 克

制作

1. 将所有蔬菜择好并清洗干净。

2-3. 青瓜、西芹均切菱形。

4-5. 洋葱、彩椒均切条形。

6. 先摆放未经刀工处理的蔬菜，再放上洋葱条、彩椒条、青瓜、西芹。

7. 最后把车厘茄、黑水榄、酿水榄、鸡心豆、红腰豆撒在上面，浇上意式风味汁即可。

「 意式蔬菜沙拉 」

食材

生菜	3 片
黄瓜	5 片
小番茄	5 个
红腰豆	少许
玉米粒	少许
胡萝卜	20 克
洋葱丝	15 克
黑酒醋	20 克
黑橄榄	3 粒
橄榄油、盐	各少许

制作

1. 把蔬菜洗净，胡萝卜切成 5 厘米长的小条，黄瓜切成 0.5 厘米厚的片。

2. 小番茄一切四瓣，与黄瓜片一起放入盘中。

3-4. 将黑橄榄切成小圈。用小碗调制黑醋汁，黑酒醋和橄榄油比例是 2:1（油不宜过多）。

5-6. 把所有处理好的蔬菜混合在一起，吃的时候倒上黑醋汁调味即可。

Tips

1. 这款冷菜夏天吃，口感特别清爽，适合减肥人士。

2. 油和醋的比例可调整，如果喜欢酸一些，可多放些醋。

「 玉米粒沙拉 」

食材

玉米粒	20 克
红椒	1/4 个
洋葱	20 克
柠檬	1 片
白酒醋	少许
西芹	1/2 根
橄榄油、盐	各少许
蛋黄酱	1 大勺

Tips

这道沙拉以玉米味为主，蛋黄酱的加入会让玉米口感更佳。

制作

1-2. 将所有材料准备齐全。西芹刨皮，红椒切成粒。

3-5. 将西芹切成粒，玉米粒倒入碗中，洋葱切成小粒。

6-7. 把所有食材放入碗中，搅拌均匀。

8. 最后把搅拌好的蔬菜装盘即可。

紫甘蓝沙拉

香槟汁属于酒类酱汁，在制作菜肴时加入可以去除一定的腥味，还可以对菜肴起到提鲜作用。香槟汁广泛使用于海产类菜肴。

食材

紫甘蓝	2 克
球生菜	10 克
洋葱	20 克
生姜	2 片
白酒醋	少许
柠檬	1 片
蛋黄酱	2 大勺

制作

1. 将紫甘蓝、球生菜均洗净，切成细丝，备用。
2. 洋葱切圈，与生菜丝、紫甘蓝丝、姜片同放在盘子中，加入蛋黄酱，再倒入一些白酒醋。
3. 把切好的蔬菜调拌均匀，再挤入柠檬汁即可。

Tips

这道沙拉里加入了生姜，比较爽口；加入白酒醋是为了调节酸度，如果嫌酸可以放少一些；加入蛋黄酱是为了让沙拉带有一些甜味。

1

2

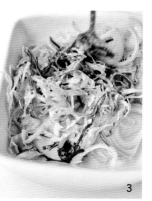

3

VIII | 主食

意大利面与比萨是西餐中最常见的主食品种。意大利面的世界就像是千变万化的万花筒，意大利面数量种类之多据说至少有 500 种，再配上酱汁的组合变化，可做出上千种的意大利面，是意大利的特色主食。比萨是一种由特殊的饼底、乳酪、酱汁和馅料烤制而成，具有意大利风味的食品。

「 带子天使之法 」

超细幼身意面 90 克
带子   100 克
大蒜   5 克
自制番茄酱   80 克
罗勒叶   1 克
橄榄油   20 克
盐   适量
胡椒粉   适量

制作

1. 起锅烧开水,加少许盐、油,放入意面煮 5 分钟,捞出后拌入橄榄油。

2. 加热自制番茄酱。将罗勒叶洗净,切丝。

3. 起锅加橄榄油,放入带子,撒盐、胡椒粉,煎至金黄色,保温备用。

4. 大蒜切末,另起锅加橄榄油,炒香蒜末。

5. 再加入意面炒香,加盐、胡椒粉调味。

6. 最后用筷子卷起意面摆在盘中,放上带子,淋番茄酱,撒上罗勒丝即可。

「 咖喱鱼丸意面 」

食材

意大利超细幼身面	90 克	咖喱	20 克
鲷鱼	100 克	橄榄油	20 克
菠菜	50 克	盐	适量
杏鲍菇	10 克	胡椒粉	适量

制作

1. 鲷鱼洗净切块,杏鲍菇切小粒,备用。

2. 鱼肉放入搅拌机,打成泥。

3. 菠菜洗净、烫熟、切碎。

4. 将鱼泥、菠菜、杏鲍菇、盐、胡椒粉搅拌均匀后做成鱼丸。

5. 起锅烧开水,放入鱼丸,煮5分钟后捞出,备用。

6. 另起锅加水,化开咖喱块。

7. 再放入鱼丸,烧至入味。

8. 再另起锅烧开水,加盐、橄榄油,放入意面煮5分钟,捞出后拌入橄榄油。

9. 取盘,用筷子卷起意面,按图摆放。

10. 最后摆上鱼丸,淋上咖喱汁即可。

風干香肠辣味意面

意大利面（5号）　90克
意大利风干香肠　100克
杏鲍菇　50克
小米椒　3克
大蒜　10克
罗勒叶　2克
橄榄油　20克
盐　适量
胡椒粉　适量

制作

1. 起锅烧开水，加少许盐、橄榄油，放入意面煮8分钟，捞出后拌橄榄油，备用。

2. 罗勒叶切丝，辣椒切圈，大蒜、香肠、杏鲍菇均切片。

3. 起锅加橄榄油，先放入蒜片、辣椒煸香。

4. 再加入杏鲍菇、香肠片炒香。

5. 然后加入意面翻炒，用盐、胡椒粉调味，撒罗勒丝。

6. 最后按图用筷子夹出意面，摆盘即可。

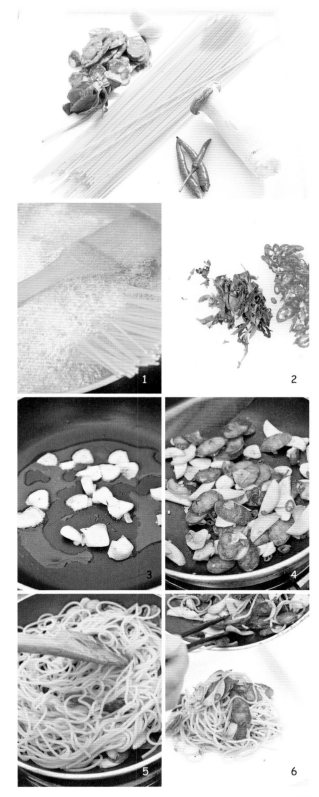

名厨系列

诺玛意大利面

🍳 制作

1-2. 将茄子切成宽长条(或者2厘米见方的丁),蘸上面粉,再放入网筛内,筛除多余面粉。

3. 将玉米油加热至165~170℃,放入茄子,炸至金黄色取出,放在厨房纸巾上,吸干油渍。

4-5. 在锅内放水,烧开,放盐搅拌均匀,将番茄表面对划出"十"字纹路,放进锅内,待番茄皮开口后取出番茄,剥除表层番茄皮。

6. 将通心意面放水中煮熟(8~10分钟)。

7-8. 将番茄对半切成4份,去除番茄籽。乳清干酪内放盐、橄榄油搅拌均匀。

9. 热锅,加入橄榄油、大蒜,炒香大蒜,再放入去籽番茄,加入一点水,取出大蒜(只保留蒜香味),再加入罗勒叶、茄子翻炒均匀,让茄子吸收罗勒香味。

10. 将意面过筛,去水后加入锅内,再加入马苏里拉奶酪翻炒均匀。

11-12. 将意面装两勺放入盘内,表面放上一片罗勒叶即可;或者将盘内放一块马苏里拉奶酪,盘底抹上一层马苏里拉奶酪,将通心面由宽到窄摆放整齐,表面放上罗勒。

📋 食材

通心面	80克	特级初榨橄榄油	8毫升
有盐乳清干酪	50克	玉米油	175毫升
圆茄子	125克	马苏里拉奶酪	适量
蒜	1瓣	水	适量
新鲜罗勒	4片		
盐	13克		
去皮番茄	200克		

「 意大利肉酱面 」

制作

1. 胡萝卜、洋葱、西芹均切成小丁；牛肉切成肉糜后用盐、黑胡椒、百里香腌制15分钟，备用。

2-4. 先将胡萝卜丁、洋葱丁、西芹丁与大蒜片放入锅中炒香，备用。

5-7. 再炒牛肉糜至半熟，喷入红酒后继续炒香，再加入适量百里香，放入番茄膏去除酸味。然后把肉糜和蔬菜混合在一起，放入适量打碎的新鲜番茄和高汤，煮20分钟左右。

8-10. 最后用盐和黑胡椒粉调味（汤不要煮得太浓稠，如果太干了可再放些番茄汁），拌入煮熟的意面即可。

Tips

1. 肉酱的口感细腻，肉的香浓、番茄的酸味融合在一起，口感醇厚。

2. 蔬菜切得越细越小越好，煮的时间控制在20分钟左右，把牛肉煮烂（期间要加高汤，以免烧干）。

3. 加入高汤后，肉酱口感会变淡，需要加入适量盐。

食材

牛肉	50克	番茄膏	1大勺
洋葱	20克	百里香	少许
胡萝卜	20克	橄榄油	少许
西芹	20克	盐	少许
大蒜	2片	黑胡椒	少许
番茄	2个	意大利面	80克
高汤	适量	红酒	适量

1

2

3

4

5

6

7

8

9

10

名厨系列

猪脖肉卡邦尼意大利面

意大利面	100 克
全蛋	1 个
蛋黄	1 个
猪脖肉（猪颊肉）	25 克
帕马森干酪	10 克
佩科里诺干酪	10 克
盐	5 克
现磨黑胡椒	1 克
特级初榨橄榄油	5 毫升
蒜瓣	2 个

制作

1. 热锅，倒入特级初榨橄榄油、大蒜瓣，将去皮猪脖肉切成小丁，加入锅内，翻炒至焦黄，停火，夹出大蒜瓣。

2. 将全蛋、蛋黄打入盆内，搅拌均匀，再加入剥丝的佩科里诺干酪、现磨黑胡椒，拌匀。

3. 将水烧开，加入盐、意大利面，将意大利面煮熟。

4. 将意大利面捞出，放入"步骤1"内，停火；加入"步骤2"的食材，用余温翻炒均匀。

5-8. 夹起意面，放进汤勺内，旋转成鸟巢状，放在盘内一侧。将猪脖肉摆放成一条直线，上面放上帕玛森干酪片。意大利面表面放剥屑帕马森干酪丝，撒上黑胡椒碎，即可。

「烧烤鱿鱼弯管面」

食材

意大利直纹短管面	90 克
鱿鱼	120 克
大蒜	120 克
彩椒	40 克
小萝卜	20 克
蟹味菇	50 克
橄榄油	20 克
盐	适量
胡椒粉	适量
意大利芹末	1 克
烧烤汁	60 克

制作

1. 起锅烧开水, 加少许盐、橄榄油, 放入意面煮 5 分钟。

2. 捞出意面后拌橄榄油, 备用。

3. 大蒜切碎, 小萝卜切片, 鱿鱼洗净。

4. 鱿鱼加入烧烤汁腌制 15 分钟。

5. 然后将鱿鱼放入烤箱, 以 180℃烤 15 分钟, 取出保温备用。

6. 另起锅加油, 炒香蒜末、蟹味菇、小萝卜片。

7. 再加入意面翻炒, 加盐、胡椒粉调味。

8. 取盘按图摆盘, 最后淋上烤鱿鱼汁即可。

名厨系列

马赛式意大利面

意大利扁面条	4 份（每份 60 克）
草虾	2 只
扇贝肉	4 个
青口贝	12 个
鱿鱼	1 个
鲷鱼	1/2 条（最好使用绿鳍鱼）
水果番茄	2 个
大蒜	1 片
橄榄油	30 毫升
白葡萄酒	少量
藏红花	少量
龙虾高汤	320 毫升
意大利芹	少量

制
作

1. 将草虾切半，鱿鱼切块，鲷鱼去除鱼刺，备用。

2. 在平底锅中放入橄榄油和大蒜，小火煎出蒜香味。

3. 加入草虾、扇贝肉、青口贝、鱿鱼、鲷鱼，大火煎制，再加入白葡萄酒盖上锅盖，焖约 2 分钟。

4. 取出海鲜备用，留海鲜汁，加入水果番茄、藏红花和龙虾高汤煮沸。

5. 放入意大利面，大火煮 8 分钟～ 10 分钟，至意大利面煮熟，将海鲜再放入锅内回温。

6-7. 在意大利面中加入少许橄榄油，捞出进行装盘，放海鲜，撒意大利芹末装盘即可。

私房美味意面配
大虾球佐香橙皮

| 意面面团

食材

高筋面粉	1000 克
全蛋	6 个
蛋黄	15 个
特级初榨橄榄油	25 克

制作

1. 将高筋面粉、全蛋、橄榄油全部加入打蛋桶内, 慢速搅拌均匀。

2. 再将蛋黄慢慢加入其中进行搅拌, 如若太干, 可加入适量水, 最后面团整体呈偏硬状。

3. 将桌面撒上面粉, 取出面团, 用手揉匀, 放置醒发 8 小时。

4. 将醒发好的面团切下一小块, 用压面机由厚至薄依次擀均匀。

5. 将面皮放在条形滚轮上切出长条, 将意面上撒上面粉, 拌匀防粘, 备用。

▌▌ 大虾浓汤

📋 食材

大虾	2 个（阿根廷红虾）	现磨黑胡椒	0.25 克
基围虾仁	50 克	黄油	5 克
橙子	1 个	白葡萄酒	12.5 毫升
特级初榨橄榄油	2.5 克	白兰地	1.25 毫升
盐	3.75 克	淀粉汁	适量

🍳 制作

1. 将大虾尾部去除，再用小刀从虾尾后背划开，但不要切透，挑出虾线。

2. 热锅，加入黄油、橄榄油、分葱，待黄油化开后加入大虾与虾壳，放入白兰地，盖上锅盖焖 1 分钟，再加入白葡萄酒，翻炒均匀后继续焖煮。

3-4. 将橙子去除硬质表皮，对半切开，捏出橙汁加入锅内，焖 2 分钟。

5. 关火，取出大虾，虾壳留在锅内加入水，继续煮制。

6-7. 用均质机将虾壳打碎，继续加热煮沸，将浓汤过滤。

8. 热锅，将浓汤倒入锅中加热，加入虾仁、橙皮，熬制 10~15 分钟，捞出表层泡沫，继续熬制，熬制好后加入盐、黑胡椒碎。

9-10. 再次过滤，取出虾仁与橙皮，继续加热浓汤，加入淀粉汁，搅拌均匀变浓稠。

Ⅲ 煮意面

📋 其他食材

盐、意大利芹叶碎、橄榄油、大虾浓汤　　各适量

🧑‍🍳 制作

1. 将水烧开，加入盐，放入意面煮熟，煮制 2 分钟左右。

2-3. 另取一口锅，加入虾仁、75 毫升大虾浓汤、意大利芹叶碎，将意面捞出放入锅内，倒入橄榄油拌匀。

Ⅳ 装盘

📋 其他食材

意大利芹叶碎、橄榄油、橙皮丝　　各适量

🧑‍🍳 制作

1. 将意面用夹子或筷子夹起，放入大号汤勺内旋转成型，放盘内。

2. 将虾仁放在意面上，大虾背对背竖放起来，撒上意大利芹叶，淋上橄榄油，放上橙皮丝。

「　芝士焗萨拉米意粉　」

意大利螺旋面	90 克
萨拉米肠	50 克
自制番茄酱	60 克
马苏里拉芝士	60 克
节瓜	50 克
洋葱	10 克
橄榄油	20 克
盐	适量

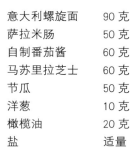

制作

1. 起锅烧开水，加少许盐、橄榄油，放入意面煮 8 分钟。

2. 捞出意面，拌橄榄油备用。

3. 洋葱切丝，节瓜切细条，萨拉米肠切小片。

4. 起锅加橄榄油，炒香洋葱、节瓜。

5. 再加入意面翻炒。

6. 然后倒入番茄酱搅拌，入盐调味。

7. 将加工好的意面装入盘中，撒芝士。

8. 最后铺上萨拉米肠，放入焗炉焗至上色即可。

鲜茄海鲜烩意粉

📋 食材

虾仁　　　　　75 克
墨鱼仔　　　　30 克
青口贝　　　　30 克
鱼须　　　　　30 克
带子　　　　　30 克
意粉　　　　　150 克
白菌　　　　　10 克
洋葱　　　　　20 克
彩椒　　　　　30 克
黑橄榄　　　　5 克
鲜茄汁　　　　100 克
牛油　　　　　5 克

📋 腌料

胡椒粉　　　　5 克
柠檬汁　　　　10 毫升
姜汁　　　　　5 毫升
白酒　　　　　10 毫升
生粉　　　　　20 克
盐　　　　　　少许

🍳 制作

- -

1. 将所有海鲜用腌料腌制 30 分钟，汆水至熟，备用。

2-4. 洋葱、彩椒均切粗条，白菌、黑橄榄均切片。

5-8. 起锅入牛油，炒香洋葱、彩椒，倒入煮熟的意粉、白菌、黑橄榄。

9-10. 再加入海鲜、鲜茄汁，烩至入味即可。

巴斯克风煮鸡腿肉

I 鸡腿肉处理

食材

带骨鸡大腿肉	1 只（200 克）
盐、胡椒	各适量
橄榄油	适量

制作

1. 将带骨鸡大腿表面撒盐、胡椒进行腌制。
2. 热锅，加少许橄榄油，放入带骨鸡大腿肉，煎至上色。

II 酱汁

食材

橄榄油	70 毫升	番茄	2 个
大蒜	20 克	白葡萄酒	80 毫升
罐头醍鱼	25 克	红葡萄酒醋	10 毫升
洋葱	200 克		
绿青椒	2 个		
红青椒	2 个		

制作

1-2. 洋葱切薄片，红青椒、绿青椒均切片，番茄切块。

3. 将大蒜切碎，在锅中放入橄榄油，放入大蒜碎、罐头醍鱼，进行炒制。待大蒜炒出香味后，放入洋葱片。洋葱炒出香味后，再放入红青椒、绿青椒。

4. 锅中加入番茄块、白葡萄酒、红葡萄酒醋，小火继续煮至浓稠。

5. 将煎好的鸡腿肉，放入锅中，继续煮约 40 分钟。

Ⅲ 古斯古斯面

食材

古斯古斯面	150 克
水	150 毫升
盐、胡椒	各适量
橄榄油	适量

制作

将古斯古斯面放入碗中，加入少许橄榄油，然后将面放入煮沸的水中，（水和面的比例为 1:1）表面包一层保鲜膜，静置 15 分钟后，放盐、胡椒调味即可。

Ⅳ 装饰用料处理

食材

欧芹碎	适量

制作

1. 将煮好的鸡腿肉取出，切半。
2-3. 将古斯古斯面放入盘中，旁边摆放鸡腿肉，浇上酱汁，撒少许欧芹碎装饰即可。

南瓜松仁意饭

食材

意大利米	70 克	帕马森芝士碎	10 克
南瓜	200 克	意大利芹碎	1 克
南瓜汤	200 毫升		
熟松仁	50 克		
洋葱	10 克		
淡奶油	20 毫升		
黄油	20 克		
盐	适量		

制作

1. 洋葱切末，南瓜切丁，备用。

2. 起锅放入黄油烧热，炒香洋葱、南瓜丁。

3. 再加入意大利米炒香。

4. 然后倒入南瓜汤，小火煮意大利米至八分熟，加入盐、淡奶油调味，按图摆盘，撒松仁、芝士碎、意大利芹碎即可。

1　2　3　4

名厨系列

海鲜烩饭

食材

卡纳罗利米	54 克	大蒜瓣	3 个	红青椒	3 克
贻贝	167 克	白葡萄酒	41.7 毫升	盐	适量
蛤蜊	167 克	特级初榨橄榄油	适量	黑胡椒	适量
鱿鱼	66.7 克	洋葱	20 克	水	适量
虾肉	58.5 克	西芹	10 克		
意大利芹叶	7 克	胡萝卜	10 克		

🧑‍🍳 制作

1. 将蛤蜊洗净,装入锅内,加入大蒜瓣及橄榄油,开火,加热蛤蜊。

2-3. 将意大利芹叶切碎,放入锅内,再加入适量的水,煮至蛤蜊开口。

4-5. 同样的方法煮制贻贝,将贻贝、蛤蜊取一小部分出来留最后摆盘用,将剩余的蛤蜊、贻贝汤汁过滤在一起,取出蛤蜊肉与贻贝肉。

6. 热锅,加入橄榄油,放入洋葱碎,加入切条的鱿鱼翻炒均匀。

7. 加入白葡萄酒炒煮,煮干后加入水,加入西芹叶碎,将鱿鱼煮熟,制成鱿鱼汤。

8. 在锅内倒入橄榄油或者黄油,加入卡纳罗利米,开始加热。将卡纳罗利米炒至金黄色,取出装入碗中备用。

9. 热锅,加入橄榄油,将切丁的西芹、胡萝卜、大蒜、洋葱加入锅内,翻炒出香味。

10. 将卡纳罗利米加入其中翻炒均匀,待卡纳罗利米呈爆米花爆炸的样子时,加入白葡萄酒炒煮。

11. 加入煮好的鱿鱼汤,煮干后加入两勺过滤出的蛤蜊与贻贝汤,待汤收干后加入两勺水煮制,全程以中火煮制 15 ~ 20 分钟。

12. 加入蛤蜊肉、贻贝肉、虾肉,再加入两勺水煮至浓稠,加入切碎的红青椒、盐、橄榄油拌匀即可。

13-14. 装两勺海鲜烩饭在盘内,用手拍盘底稍震平,将摆盘用的蛤蜊与贻贝摆放在烩饭上,淋上橄榄油,撒上意大利芹叶碎,再撒上黑胡椒即成。

野生白蘑菇意大利调味饭

名厨系列

蘑菇（5 种左右）	200 克	盐	适量
白洋葱	1/5 个	胡椒	适量
黄油	5 克	淡奶油	15 毫升
意大利卡纳诺利大米	150 克	帕玛森干酪粉	适量
白葡萄酒	15 毫升	意大利芹	1 根
鸡高汤	300 毫升		

食材（3 人份）

制作

1. 将蘑菇切片。

2. 将洋葱切末。

3. 在锅中放入少许黄油, 至黄油化开后放入洋葱炒出香味, 加入意大利卡纳诺利大米 (米不需要洗), 加入切好的蘑菇, 倒入白葡萄酒调味。

4. 加入煮沸的鸡高汤, 小火煮至浓稠（可根据米的硬度适量加入鸡高汤）。

5. 加入少许盐和胡椒调味, 加入淡奶油、黄油, 撒帕玛森干酪粉拌匀。

6. 装盘, 撒意大利芹碎, 装饰即可。

 Tips

制作烩饭时不要过分搅拌。

名厨系列

泡蒸鲍鱼与韭葱烩饭

鲍鱼处理

食材

活鲍鱼　　4 个
日本酒　　漫过食材一半的量

制作

1. 将鲍鱼带壳放入锅中, 倒入日本酒（大概可以淹没一半鲍鱼的量）煮沸, 转小火, 煮 1 小时左右（用竹签插入判断鲍鱼是否煮熟, 煮的过程中可以给鲍鱼翻下身, 看情况可加入适量的水）。

2. 留鲍鱼肉、煮好的鲍鱼汁, 备用。

Ⅱ 烩饭

食材

意大利米	120 克
韭葱	1/2 根
白葡萄酒	适量
鸡高汤	200 毫升
鲍鱼的煮汁	适量
黄油	适量
帕马森干酪粉	适量
盐、胡椒	各适量

制作

1. 鸡高汤煮沸, 备用。

2-3. 将韭葱切段, 在锅中放少量黄油, 放入韭葱进行炒制, 加入意大利米, 继续翻炒。而后加入白葡萄酒, 再加入煮沸的鸡高汤。

4. 加入鲍鱼的煮汁, 煮约 15 分钟。

5. 加入盐、胡椒进行调味, 继续煮至水分挥发, 加入黄油、帕马森干酪粉搅拌均匀。

6. 将烩饭倒入铺有保鲜膜的托盘中, 冷藏降温。

Ⅲ 酱汁

食材

红洋葱	1 个
蘑菇	1 个
苦艾酒（诺利帕特）	200 毫升
鱼高汤	400 毫升
小牛高汤	60 毫升
白胡椒	适量
鲍鱼肝	适量
黄油	60 克

制作

1. 将红洋葱、蘑菇均切薄片，放入锅中，加入苦艾酒（诺利帕特）煮沸，加入白胡椒调味，再加入鱼高汤和小牛高汤煮至收汁。
2. 将煮好的酱汁使用网筛进行过滤，表面盖一层保鲜膜，冷藏备用。
3. 将煮好的鲍鱼取出，取鲍鱼肉，并将鲍鱼肝单独取出，切块。
4. 将酱汁取出，放入黄油，加入白胡椒调味，加入鲍鱼肝搅拌均匀。

Ⅳ 欧芹泡沫

食材

欧芹	30 克
牛奶	300 毫升

制作

1. 将牛奶倒入锅中，加入欧芹，煮沸。
2. 用手持料理机将欧芹打碎，用锥形网筛进行过滤。

V 装盘

制作

1. 将烩饭取出，用圈模压出圆饼状。

2. 热锅，放少许橄榄油，将烩饭放入锅中，煎至表面上色，再放入烤箱以 200℃烘烤约 3 分钟。

3. 热锅，放少许橄榄油，将鲍鱼肉放入锅中，煎制。

4. 将烤好的烩饭取出，放入盘中，表面摆放上煎制好的鲍鱼，淋上酱汁。

5. 将欧芹泡沫淋在表面进行装饰即可。

「 比萨面 」

低筋面粉	500 克
酵母	5 克
糖	10 克
盐	适量
橄榄油	20 克
净水	200 克

制作

1. 所有材料放入盆中,一边搅动面粉一边加水。

2. 手工慢慢搅拌。

3. 逐渐揉成面团。

4. 揉至面团表面光滑。

5. 给面团盖上保鲜膜,让其自然发酵。然后将面团分割成每份 120 克,均用保鲜膜包起,入冰箱备用。

 Tips

发酵面团温度控制在 35℃~38℃,时间 40 分钟。

「三文鱼比萨」

食材

比萨面	120 克
芝士碎	120 克
自制番茄酱	60 克
三文鱼	90 克
盐	适量
黑胡椒碎	适量
意大利芹碎	适量

制作

1. 将三文鱼改刀切小片，加盐、黑胡椒碎、意大利芹碎腌制 10 分钟。

2. 将比萨面擀成面皮，用 9 寸烤盘盖在上面，用滚刀去边修圆，放入烤盘。

3. 用叉子在面皮上轻轻戳出气孔，放入 180℃的烤箱烤 3 分钟。

4. 取出比萨底，抹上番茄酱。

5. 再铺上三文鱼片。

6. 最后撒上芝士碎，放入 180℃烤箱烤 8 分钟即可。

「 培根蘑菇比萨 」

比萨面	120 克
芝士碎	120 克
自制番茄酱	60 克
蘑菇	120 克
培根	50 克
盐	适量
黑胡椒碎	适量
橄榄油	10 毫升

制作

1. 将蘑菇洗净, 切片并炒香, 加盐、黑胡椒碎调味, 备用; 培根切片。

2. 将比萨面擀成面皮。

3. 用 9 寸烤盘盖在上面, 用滚刀去边修圆, 放入烤盘, 用叉子轻轻戳出气孔, 放入 180℃的烤箱烤 3 分钟。

4. 取出比萨底, 抹上自制番茄酱。

5. 再撒上炒香的蘑菇。

6. 撒 60 克芝士碎, 铺上培根片, 再撒其余芝士碎, 放入 180℃烤箱烤 8 分钟即可。

「 黑椒牛肉培根比萨 」

食材

法兰克福肠	50 克
黑椒牛肉	30 克
培根	20 克
洋葱	30 克
彩椒	30 克
白菌片	10 克
鲜茄汁	20 克
9 寸比萨底	1 个
芝士	100 克
孜然粉	5 克
辣椒粉	5 克

制作

1-3. 将洋葱、彩椒均切粒，黑椒牛肉、法兰克福肠、培根均切小块，撒孜然粉、辣椒粉拌匀。

4-7. 在比萨底涂上鲜茄汁，再把除芝士外所有材料均匀地铺在上面。

8-10. 最后在比萨最上层铺满芝士，放进烤箱以上下火200℃烤至上色即可。

名厨系列

玛格丽特比萨

I 比萨面团

食材

水（35℃）	1300 毫升
高筋面粉	1800 克
鲜酵母	40 克
盐	40 克
黄油	10 克
特级初榨橄榄油	10 毫升

制作

1. 取一半高筋面粉放入打面缸内, 加入盐拌匀。

2. 将酵母放入 35℃温水中溶解, 将一半酵母水倒进打面缸内。

3. 搅拌面团, 加入剩余酵母水, 搅拌均匀。

4-5. 在剩余面粉内, 加入黄油、橄榄油, 搅拌均匀。

6. 将黄油面团加入酵母面团中, 以低速或中速搅打面团 15~20 分钟, 和好面团后冷藏一夜。

7. 将面团分割成每 230 克一个, 并搓圆。

8-9. 在面团表面抹一层橄榄油, 或者在盆内滴两滴橄榄油, 将面团放进去旋转两圈, 防止面团表面变干。

10. 将面团放入烤盘, 包上保鲜膜醒发 2 个小时。

II 番茄酱汁

食材

去皮番茄	143 克
盐	3 克
切碎的罗勒叶	2 片
牛至叶	2 克
现磨黑胡椒	2 克
大蒜片、橄榄油	各适量

制作

将大蒜片、罗勒叶、盐、黑胡椒、去皮番茄、橄榄油、牛至叶放入盆内，用均质机粉碎。

III 烤制比萨

食材

马苏里拉奶酪	80 克
帕玛森奶酪	5 克
橄榄油	10 毫升
罗勒叶	3 片

制作

1. 将醒发好的面团取出，用手压平，表面拌上番茄酱汁，用勺子从中间开始旋转往外扩散拌匀。

2. 将马苏里拉奶酪切丁，铺在比萨表面，比萨皮边缘刷上一层橄榄油。

3-4. 用比萨铲将比萨铲起，放入烤箱内，以上下火 350℃烤至比萨表面上色、面饼熟了。

5. 将比萨取出，表面装饰罗勒叶，撒上帕马森奶酪。

6. 用滚轮刀切成八份即可。

「 蔬菜比萨 」

食材	

比萨面	120 克
芝士	120 克
自制番茄酱	60 克
玉米粒	20 克
洋葱丁	20 克
彩椒丁	60 克
节瓜丁	20 克
荷兰芹末	适量

制作

1. 将比萨面擀成面皮。

2. 用 9 寸烤盘盖在面皮上面，用滚刀去边修圆。

3. 将面皮放入烤盘，用叉子轻轻戳出气孔，放入 180℃的烤箱烤 3 分钟。

4. 取出比萨底，抹上番茄酱，撒上 60 克芝士。

5. 再撒上洋葱丁、彩椒丁、节瓜丁、玉米粒。

6. 最后再撒上芝士，放入 180℃烤箱烤 8 分钟，取出后撒上荷兰芹末即可。

「扒芝士火腿三文治」

📋 食材

吐司片	2 片
蜜汁火腿	1 片
卡夫芝士片	1 片
牛油	5 克
炸薯条	50 克
番茄沙司	25 克

👨‍🍳 制作

1-4. 先将吐司摞起来，在上面涂上牛油。

5-9. 再将吐司中间夹上火腿和芝士，放进铁板烧烤香。然后去除面包边，装入碟子，配上炸薯条、番茄沙司即可。

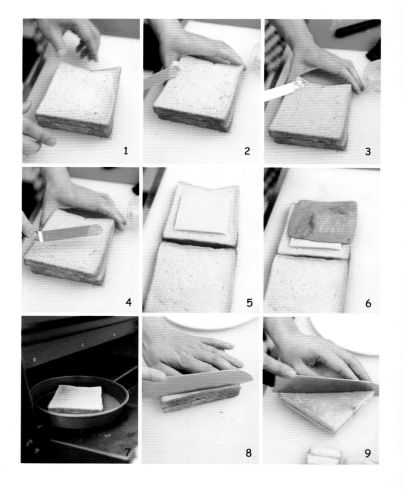

「 公司三文治 」

📋 食材

吐司片	3 片	青瓜片	20 克
薄牛扒	50 克	番茄片	20 克
烟肉	1 条	西生菜	30 克
蜜汁火腿	1 片	文尼汁	10 克
	(25 克)	牛油	5 克
薯条	50 克	番茄沙司	25 克
煎蛋	60 克		

👨‍🍳 制作

1-7. 将吐司片烘烤至双面金黄色，涂上牛油；将鸡蛋、薄牛扒、烟肉、火腿分别煎熟；将薯条炸熟。

8-11. 然后第一层吐司片上放三种鲜蔬菜与煎蛋，再挤上文尼汁。

12-14. 放上第二层吐司片，再放上薄牛扒、培根、蜜汁火腿。

15-18. 最后盖上第三层吐司片，插上竹签，去除面包边，再对角切开，分成四份，配上炸薯条、番茄沙司一起装盘即可。

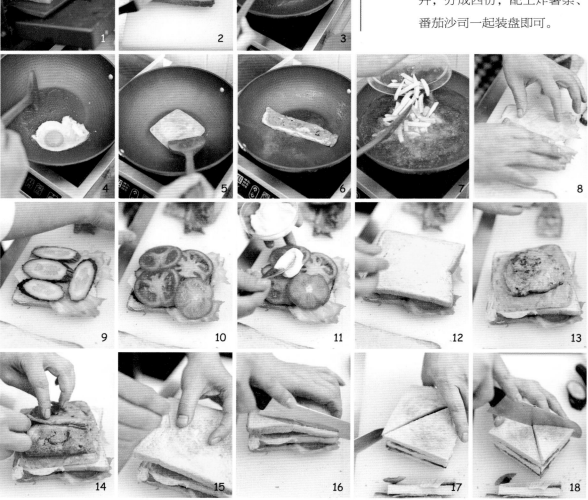

附录

西餐配餐实用指南

每一份西餐组合的套餐都是精心挑选出来的，头盘菜肴口感酸甜，十分爽口，非常适合作为开胃前菜，而餐前汤是必备的，不仅味道鲜美，而且搭配头盘更能勾起食欲；副菜和主菜主要以水产类、禽类和畜肉类为食材，口味也以酸爽醇厚为主，让味蕾与胃双重满足，如果饱腹感不足可再来一份主食，不管是意面、比萨、烩饭都是色味俱佳，使你回味无穷，再搭配一份爽口的沙拉，好吃不腻，满满的幸福感。

开胃菜 — 餐前汤 — 副菜 — 主菜 — 沙拉 — 主食

▋ 浪漫二人约会套餐 ▋

① 开胃菜：慕斯马苏里拉奶酪和腌泡三文鱼配合番茄果子冻 p.87

② 餐前汤：煎布丁鹅肝配法式清汤 p.100

③ 副菜：金枪鱼片配肥鹅肝佐石榴醋和焦糖洋葱 p.130

④ 主菜：焗烤猪五花肉与白萝卜配柚子胡椒香味的番茄酱汁 p.181

⑤ 沙拉：蛋黄酱生菜番茄沙拉 p.236

⑥ 主食：三文鱼比萨 p.298

一家三口温馨套餐 A

① 开胃菜：凯撒烧鸡沙拉 p.70

② 餐前汤：松仁南瓜汤 p.110

③ 副菜：卷心菜包蟹肉配蛤蜊白黄油酱汁 p.161

④ 主菜：菲力猪排配红酒酱汁佐胡萝卜浓汤 p.184

⑤ 沙拉：茴香液体沙拉佐芝麻菜配山羊奶酪佐血橙、焦糖洋葱 p.246

⑥ 主食：私房美味意面配大虾球佐香橙皮 p.276

一家三口温馨套餐 B

① 开胃菜：虾仁配红腰豆酸甜沙拉 p.72

② 餐前汤：烤鲜鱼配腌肉菜汤风味的白四季豆蔬菜汤 p.104

③ 副菜：面皮包金枪鱼生姜番茄酱和黄油榛子 p.126

④ 主菜：奶油焗龙虾配节瓜蓝佐柠檬汁 p.231

⑤ 沙拉：蔬菜之趣 p.240

⑥ 主食：海鲜烩饭 p.288

一家三口温馨套餐 C

① 开胃菜：地中海沙拉 p.78

② 餐前汤：酥皮银鳕鱼周打汤 p.102

③ 副菜：龙虾沙拉配生培根慕斯香草美式酱
汁 p.158

④ 主菜：羊排配马提尼汁佐薄荷汁 p.202

⑤ 沙拉：华道夫沙拉 p.244

⑥ 主食：公司三文治 p.311

一家三口温馨套餐 D

① 开胃菜：扇贝肉香橙沙拉 p.80

② 餐前汤：带子甜豆浓汤 p.107

③ 副菜：腌泡三文鱼配合蔬菜果冻卷 p.136

④ 主菜：烧鹌鹑塞鹅肝和米配松露酱汁
　　　p.212

⑤ 沙拉：意式风味蔬菜沙拉 p.252

⑥ 主食：南瓜松仁意饭 p.287

王森咖啡西点西餐学院
WANGSEN BAKERY CAFE WESTERN FOOD SCHOOL

美食教育的沃土　西点工匠的摇篮

报考代码：0881

我是刘涛
我为王森代言

一所培养
世界冠军
的学校

形象代言人·刘涛